本书得到中国计量学院重点教材资助项目的资助

# 大学生机械设计竞赛指导

赵明岩　著

陈秀宁　审

ZHEJIANG UNIVERSITY PRESS
浙江大学出版社

**图书在版编目(CIP)数据**

大学生机械设计竞赛指导 / 赵明岩著. —杭州：浙江
大学出版社,2008.8
　ISBN 978-7-308-06165-0

　Ⅰ.小… Ⅱ.赵… Ⅲ.机械设计－高等学校－教学参考
资料 Ⅳ.TH122

　中国版本图书馆 CIP 数据核字(2008)第 128589 号

**大学生机械设计竞赛指导**

赵明岩　著

| | |
|---|---|
| **责任编辑** | 杜希武 |
| **封面设计** | 刘依群 |
| **出版发行** | 浙江大学出版社 |
| | （杭州天目山路 148 号　邮政编码 310028） |
| | （E-mail:zupress@mail. hz. zj. cn） |
| | （网址:http://www. zjupress. com |
| | 　　　http://www. press. zju. edu. cn） |
| | 电话:0571—88925592,88273066(传真) |
| **排　版** | 浙江大学出版社电脑排版中心 |
| **印　刷** | 德清县第二印刷厂 |
| **开　本** | 787mm×960mm　1/16 |
| **印　张** | 13.5 |
| **字　数** | 228 千字 |
| **版印次** | 2008 年 8 月第 1 版　2008 年 8 月第 1 次印刷 |
| **书　号** | ISBN 978-7-308-06165-0 |
| **定　价** | 27.00 元 |

# 内容提要

本书主要介绍了大学生在参加机械设计竞赛中常用的设计、加工方法；着重讲解了原理方案的构思，包括抓取方案、行走方案、搬运方案、越障方案、提升方案、攀爬方案以及创新设计等。在机械本体制作过程中，作者根据多年的指导经验，讲述了常用零件及其设计、机械加工基本知识、常用工具及其使用、竞赛中常用的设计、加工及装配技巧。

为了做到对作品的灵活控制，作者用了一定的篇幅，详细讲解了电机的选择，以及如何控制直流电机、舵机和步进电机，并给同学们提供了一种适用于大学生机械设计竞赛的控制平台（包括控制电路板和遥控板）。为了方便大家完成控制部分的设计，本书还列出了控制部分的详细代码。

针对同学们在撰写理论方案中出现的种种问题，作者对理论方案的撰写做了一些介绍，并做了举例说明。同时，本书还对参赛作品所需制作的 PPT 演示稿、理论答辩做了阐述。

为了开阔同学们的思路，本书最后给出了一些学生的创新作品，相信会对大家有所启发和帮助。

本书图文并茂，用大量的简图、实物照片、三维仿真图形来加深同学们的印象，相信会对大家参加各类机械设计竞赛、机器人比赛有所帮助。

本书也可作为大学生课外实践教材，对高校机械竞赛的指导教师也有所帮助。

# 序

　　赵明岩先生新著《大学生机械设计竞赛指导》即将正式出版问世,我有幸得以提前研阅,深感这是一本具有鲜明特色的指导机械设计竞赛的创新专著。

　　机械设计竞赛是培养学生创新能力的重要手段之一,是创新素质教育的一个重要环节。这项竞赛活动深受学生欢迎,已在众多高校和省市、乃至全国展开,成效显著。新生的设计竞赛教学活动也必然呈现缺少比较系统地指导资料的情况,本书顺应教育、教改之需,成为率先出版的指导大学生机械设计竞赛的创新专著。

　　本书作者赵明岩先生多年指导学生参加浙江大学、浙江省和全国机械设计竞赛,取得丰硕的竞赛成果和殊荣,积累和研究了成熟的指导经验,汇集和编写了大量资料在实践中充实、精炼和提高,实践与理论紧密结合,数载辛勤笔耕,终于编著成书。

　　本书针对性、实用性强。全书以对大学生参加机械设计竞赛进行系统全面地论述和指导为主线,并以大学生的实际情况和条件作为切入点,抓住机械设计竞赛中的关键问题重点分析和指导。书中案例精典、机电结合,图文并茂,注重启迪,参赛学生和指导教师可有良多获益。

　　以上浅见愿与广大读者交流,深信本书在今后的使用实践中定会不断予以提升和拓展,对机械设计创新教育作出更多的贡献。

陈秀宁

2008 年 8 月 8 日于杭州

# 前　言

近年来,国内各大高校兴起了各种机械竞赛的热潮,其中,既有全国性的大赛(全国大学生机械创新设计大赛),又有各省、市及各个高校举行的机械设计大赛。举办这么多大赛的原因,一是为了增强大学生的创新意识和学习兴趣,二是为了提高学生的动手能力以及培养在校大学生的工程素养。

通过参加各类机械设计大赛,在巩固理论知识的同时,还可以体验到一种特殊的快乐,那就是"创作、创新的快乐"。当看到自己设计、制作的作品运行起来的时候,那种喜悦和快乐是难以用语言表达的。如果同学们将自己的作品申请专利,甚至转化为产品,最终被推向市场,给社会生产、生活带来了方便,为很多人所喜爱,这种快乐就更是无以复加了。机械竞赛给大家提供了这样一个展示自我的舞台。因此,希望大家能积极地参加各类机械设计大赛,去体验创作和创新的快乐。

尽管很多学生想参加机械设计大赛,但是他们却不知道应该从何处入手。例如,很多同学不知从何入手,不清楚应该怎样设计机械作品或制作机器人,如何设计、加工零部件,相关材料和零部件在哪里购买,如何设计、装配机器人。要参加机械设计大赛,必须具有一定的知识,必须掌握电路的设计与制作、机械零件的设计与加工、计算机、单片机、PLC等知识。为了给大家参赛提供方便,本书将解答大家制作和参赛过程中经常遇到的问题。

本书作者总结自己多年来指导学生参加机械设计大赛、机器人竞赛的经验,以通俗易懂的形式,辅以大量的图片,介绍了参加机械竞赛的相关知识。将制作和参赛过程中经常遇到的问题,归纳成若干个要点,针对每个要点,分别进行了比较详细的说明。希望同学们能够参考本书制作出自己的作品参加比赛,去体验一下自己制作的机器人运行时的那种快乐。

相信本书会对大学生参加机械设计大赛、机器人竞赛有一定的帮助。同时，本书也可作为《大学生机械设计竞赛指导》、《大学生机器人竞赛指导》等相关课程的教材，或者《机械原理》、《机械设计》等机械类主干课程的配套教材。

本书能够完成撰写并出版，首先感谢参赛学生对我的巨大帮助。书中很多作品的图片、案例均由参赛学生提供。

浙江大学陈秀宁教授给予本书很多建设性和指导性的意见，在此表示衷心的感谢。

由于时间仓促，限于编者水平，书中难免有误漏及不妥之处，敬请专家及读者批评指正。

赵明岩

2008 年 5 月　杭州

（作者简介：本书作者具有多年大学生机械设计竞赛、机器人竞赛指导经验，并率先在国内开设《大学生机械设计竞赛指导》课程；在大学生机械设计大赛、机器人竞赛以及大学生"挑战杯"课外学术科技作品等竞赛中，成绩优异。指导学生荣获了全国大学生一等奖在内 60 余项国家及省级竞赛奖项，指导获奖学生超过 200 人次，并荣获第十届"挑战杯"全国大学生课外学术科技作品竞赛优秀指导教师奖。）

# 目　录

# 第1章 绪论

## 1.1 开展大学生机械设计竞赛的意义

随着科技与经济的发展,社会迫切需要高等院校培养出越来越多的具有创新精神和综合能力的高素质人才。而创新精神和综合能力的培养是离不开"实践"这一环节的。事实证明,大学生在学习期间参加各类机械设计竞赛,不仅有助于学生理解和掌握理论知识,而且能激发学生进行科学研究的兴趣,掌握解决问题的方法和手段,也是挖掘、发挥学生自身潜能,促进学生个性发展的重要举措。

机械竞赛激发了学生的创新精神。实践证明,高校学生在学习期间参加各类机械设计大赛,不仅能帮助学生深入理解和掌握理论知识,而且能提高学生进行科学探索与研究的兴趣,养成严谨求实、勇于创新的科学态度,学习解决问题的思路、方法和手段,丰富实践知识,锻炼动手能力、交流能力,增强团队精神。同时,机械设计竞赛对学生提高课程设计、毕业设计的质量也有很大的促进作用,甚至对学生的就业也会带来很大的帮助。

## 1.2 国内大学生机械设计竞赛开展情况

"大学生机械创新设计大赛"和"大学生电子设计大赛"、"大学生数学建模大赛"、"大学生结构设计大赛"等四个国家教委提议在高等学校组织开展的四大学科竞赛之一,是面向全国大学生的群众性科技活动。相比欧美、日本等发达国家,我的机械竞赛开展较晚,与发达国家还有相当的差距;与国内其它类型的竞赛如全国大学生"挑战杯"科技竞赛、电子设计竞赛、数学建模等相比,机械设计大赛开展也相对较晚。第一届全国大学生电子竞赛于1994年开始,每两年一次;全国大学生数学建模竞赛于1992年开始,每年举行一次,至今已举行了16届;挑战杯课外学术科技作品竞赛每两年一次,到2007年已经举行了10届。

全国第一届机械创新设计大赛于2004年9月在南昌大学举行;第二届大赛以"健康与爱心"为主题,于2006年10月在湖南大学举行;第三届大赛以"绿色与环境"为主题,将于2008年秋季在武汉举行。

全国第一届机械创新设计大赛分为六大赛区,参加预赛的作品有350余项,直接参加竞赛的学生超过2000人,指导教师超过700人。参加第一届全国决赛及观摩的高校共有60余所、300多位代表、61项作品。获奖作品中,一等奖15项、二等奖21项、三等奖24项、优秀组织奖14项。

全国第二届机械创新设计大赛将预赛区划小,以省(自治区、直辖市)作为赛区,参加预赛的共有24个省(区、市)1080余项作品,直接参加过竞赛的学生超过5000人,指导教师超过3000人。最终进入全国决赛的共有82所高校、123项作品。其中一等奖24项、二等奖36项、三等奖63项、优秀组织奖15项。

由此可见,全国机械创新设计大赛虽然开展较晚,但发展迅速,规模越来越大,影响越来越广。同时,为了配合参加全国机械创新设计大赛,该项赛事也越来越得到各省市和高校的重视。国内各省、市及各大高校的机械竞赛大多于2005年开始,是为参加全国第二届机械创新设计大赛做准备。例如2007年浙江省第四届大学生机械设计大赛,共有130余支队伍参加省内决赛;而在此之前,有的学校已经在校内进行了两轮甚至三轮的预赛;参加人数之多,影响范围之广,前所未有,具有非常积极的意义。国内组织竞赛较早的高校,例如浙江大学,从1995年开始,就在国内率先举办机械设计大赛,至今已举行了13届,学界反映良好,影响巨大。

## 1.3　本书内容及特点

### 1. 主要内容

本书主要内容与机械竞赛紧密相关,从理论以及实际操作方面给予学生

最直接的指导,使学生对机械竞赛有了全面的了解和认识,从而提高参赛学生的机械竞赛成绩。全书共分 7 章:

一、绪论　　主要介绍了国内大学生机械设计竞赛开展情况;本书的主要内容及特点。

二、原理方案的构思与实现　　讲解机械设计竞赛中经常采用的各种方案,主要包括运动系统的选择、各种类型的抓取方案(机械手臂、机械手等)、行走方案、搬运方案、越障方案、攀爬等方案以及机械创新设计等。

三、机械本体的制作　　讲述了常用零部件的选择及购买;常用零件及其设计;机械加工的基本知识;常用工具及其使用;机械设计大赛中常用的设计、加工、装配技巧及注意事项。

四、电控部分的设计与制作　　讲述了常用的驱动方式及电机的选择;直流电机、舵机和步进电机等的控制方式;提供了一种适用于大学生机械设计竞赛的控制平台;为了方便大家进行控制部分的设计,本章还给出了电路板的元器件清单、控制直流电机、舵机、步进电机以及红外遥控的详细代码。

五、理论方案与实物竞赛　　包括如何撰写理论方案及其注意事项;PPT演示稿的制作技巧及答辩与实物竞赛的注意事项。

六、学生参赛理论方案选例　　给出了若干机械设计竞赛理论方案,对参赛队员撰写理论方案会有一定的帮助。

七、大学生机械设计竞赛获奖作品集　　为了开阔同学们的思路,激发同学们的创新思维,本章列举十余个学生获奖作品,给出作品的图片,并做一简要的介绍,希望能给参赛同学一些参考和启发。

**2. 本书特点**

因本教材与实际联系紧密,在提高学生机械竞赛成绩的同时,还要培养学生的综合素质和创新能力,巩固学生的基本理论和基本知识,开阔他们的思路,所以其内容的编排,有一定的特点:

① 教材的内容与机械竞赛、机器人竞赛紧密结合,可帮助大学生在各类机械竞赛中取得优异成绩;

② 包含了多年来参赛学生及指导教师在竞赛过程中积累的大量创新思想、创新方法,对参赛学生具有一定的启发作用;

③ 本书包含大量的简图、实物照片、三维仿真图形,以及竞赛作品实例等,可以增强同学们的感性认识、扩大学生的知识面;

④ 可作为大机类专业主干课程的辅助教材、实践课程的配套教材、实习课程的补充教材。

# 第2章 原理方案的构思与实现

在机械竞赛的前期准备中,方案的制定非常重要,尤其是作品采用哪些机构、哪些传动,对比赛的成绩有着举足轻重的作用。方案是否合理,对完成指定的任务,会起到事半功倍的效果。本章把大学生机械设计竞赛中常用的机构及传动做一总结,为了方便起见,从实现作品功能的角度进行了归类。

大学生机械竞赛主要分为两种,一种是竞技类竞赛,一种是机械创新设计大赛。竞技类比赛要求作品(也可称为机器人)能够高效、可靠地完成比赛规定的动作;而机械创新设计大赛体现在"创新"二字,要么是前人没有做过的东西,要么在原有的基础上做出较大的改进和完善。本章总结了机械设计大赛中常用的机构,如抓取机构、行走机构、越障机构、提升机构、攀爬机构等,并作了举例说明。不管是哪种类型的竞赛,同学们都会从本章提供的方案中得到一些启发和帮助。

本章给出了70余项案例,100多幅图片,希望这些例子能对大家起到举一反三的作用。方案是无穷尽的,而创新更是无止境的。

## 2.1 抓取功能的实现

抓取机构将目标抓起,或者将目标物体抓起后放于指定的位置。抓取机构主要包括两部分:机械手和机械手臂。

**1. 机械手**

机械手用来抓取目标物体,要求高效、可靠、易于控制、制作简单。机械手的种类很多,机械竞赛中常用的机械手有以下几种。

① 直接通过电机或舵机控制的机械手

如图 2-1 所示,这种机械手可以采用角铝、角钢、铝片、铁丝等制作,是一种最简单的机械手,且成本低,容易制作,一般可抓取轻质物体。

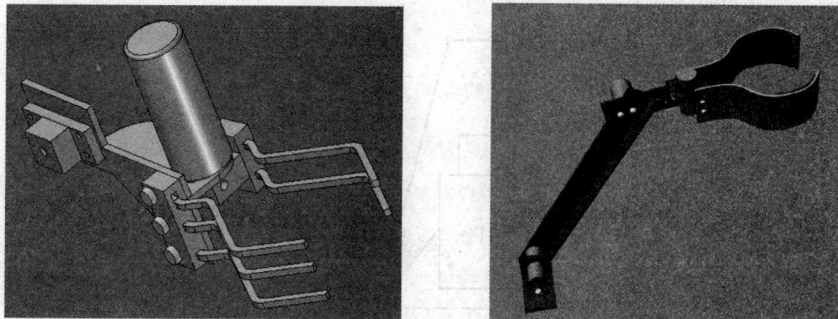

图 2-1 普通机械手

通过电机直接控制:机械手抓紧目标后,若继续通电,此时电机已不能转动,瞬间电流过大,可能导致电机损坏。

通过舵机直接控制:不会出现损坏舵机的现象,但舵机转动后的位置需要事先精确设定,需单片机等控制,编程稍复杂。

多自由度机械手:机械手具有多个关节,每个关节安装有电机或舵机,可抓取目标物并将其放置在指定位置。

② 凸轮弹簧机械手

可抓取重量较轻的中空物体。通常采用盘形凸轮(可在数控铣床上加工),若精度要求不高,甚至可以手工制作。材料可以用铝、钢、塑料、尼龙等,无需计算弹簧的相关参数,适用即可。

图 2-2 凸轮弹簧机械手

③ 弹簧卡片机械手

弹簧卡片机械手制作简单,用弹簧配以自制的弹性卡片即可。卡片可用薄钢片、铝片等制作,为增加其稳定性,数量一般多于三片。弹簧卡片机械手可抓取较轻的目标物体。

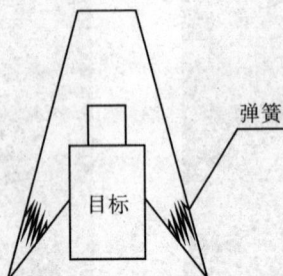

图 2-3　弹簧卡片机械手

④ 气动元件机械手

图 2-4　气动手指

采用气动控制,安全可靠,可以满足六个自由度的工作要求。广泛应用于各行业的物品搬运和装配作业,尤其是形状复杂、容易损坏,或人工搬运不便的物品,是一种理想的自动生产线搬运工具。图 2-4 为气动手指。

⑤ 丝杠机械手

丝杠机械手可抓重量较轻的物体。丝杆的螺距、导程是最重要的参数,可通过增大电机转速或增大丝杆导程、头数的方法提高抓取目标的速度。丝杆可在机电市场直接购买,经过简单的二次加工即可使用,精度要求不高时,可与电机直接相连。

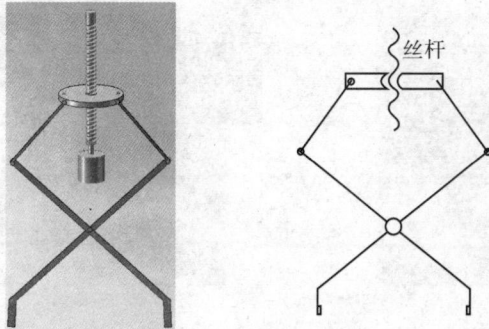

图 2-5　丝杠机械手

⑥ 类三爪卡盘机械手

此类机械手的抓脚数量可根据实际情况选择,且机械手受力均匀,不会损坏电机;电机的旋转速度、丝杆的头数、导程是最重要的参数。可根据目标物体的实际情况选择采用 3 爪或者 4 爪。机械手又可分为三爪内卡和三爪外卡,可抓取不同类型的物体。

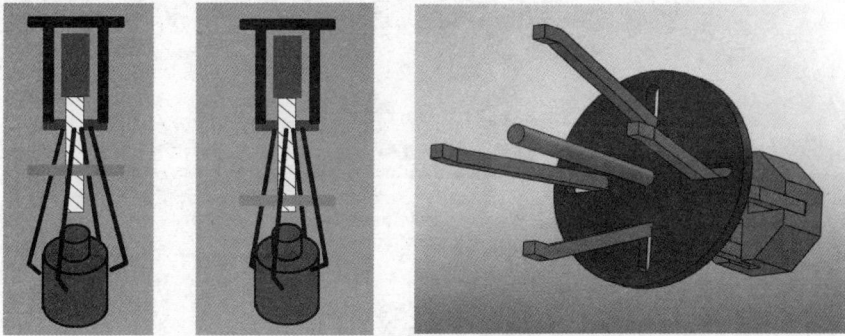

图 2-6　类三爪卡盘机械手

⑦ 吸盘式机械手

通过吸盘内产生的真空或负压,利用压差将目标吸附。结构简单、轻便、不损伤工件,且被吸工件的位置要求精度不高,方便可靠。缺点:适用范围有限,要求工件与吸盘接触的部位光滑平整,且被吸目标没有透气空隙。下图为学生设计的获奖作品,用吸盘抓取受精鸡胚(鸡蛋)的示意图。

图 2-7　吸盘式机械手

⑧ 连杆机械手

可抓取形状较为规则的目标。图示这种形式的机械手,适合将其平放,抓取圆柱形的物体。缺点:构件较多,制作稍繁琐。

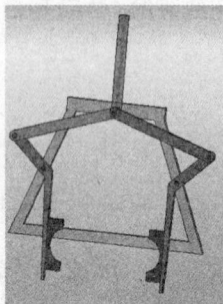

图 2-8　连杆机械手

⑨ 平行机械手

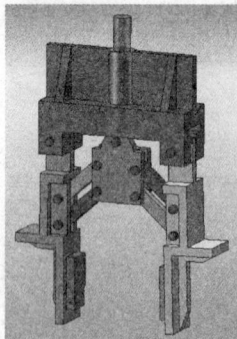

图 2-9　平行机械手

平行机械手在开合过程中,其手爪的运动状态为平动,适用于抓取被夹持面是两个平行面的物体。缺点:采用平行四边形铰链机构,构件较多,结构较复杂。

⑩ 绳索弹簧片机械手

弹簧片一端固定,另一端与同电机相连的绳子固定,当电机正旋时,弹簧手缩紧抓住目标,电机反转时,弹簧手松开目标。这种机械手适合抓取圆柱形、圆筒型物体。此处省略示意图,请大家自行设计。

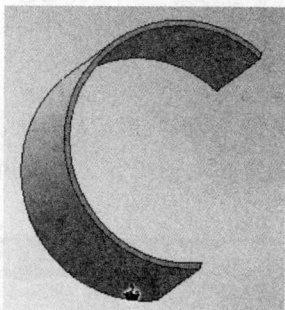

此外,同学们还可以制作磁性机械手。利用电磁铁通电后产生的磁力来吸附目标、断电时放下目标,但要求目标必须是钢等导磁材料。

图 2-10　绳索弹簧片机械手

近年来兴起的仿生挠性机械手由多个活关节组成,每个活关节都有伺服机构,能够在自动控制下产生弯曲运动抓取物体。

而类人机械手更像人的手指,运动非常灵巧,柔性大,各个手指关节一般通过钢丝绳、记忆合金或人造肌肉纤维驱动,同学们可以查阅相关资料。

## 2. 机械手臂

机械手臂对机器人的负荷能力和运动精度影响很大。机械手臂的刚度是一个必须考虑的问题。刚度是指机械臂在外力作用下抵抗变形的能力。我们要根据受力情况,合理选择手臂的截面形状。通常机械臂既受弯矩,又受扭矩,因此应选用抗弯和抗扭刚度较大的形状。采用封闭形空心截面,不仅可以提高结构的刚度,还可以在空心内部设置驱动装置、布置线缆等。大家要注意手臂伸缩时的平稳性,建议选用强度高的轻质材料制作手臂。在机械竞赛中,有如下常用的机械手臂。

① 齿轮齿条

采用相配合的齿轮齿条,齿轮旋转,齿条移动。如图 2-11 所示,在原始尺寸的限制下,可获得较长的机械手臂,但是手臂的刚度不容易保证。图示为三段齿条,机械臂的极限长度为三段齿条的总长。请大家注意,此处齿轮的宽度为齿条宽度的 3 倍。

② 不完全齿轮机构

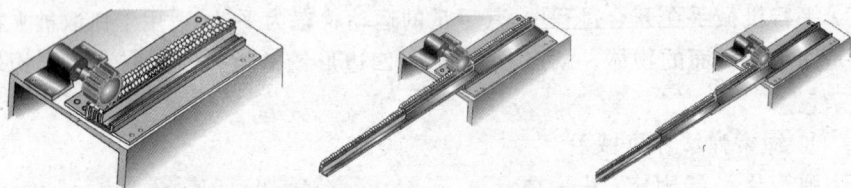

图 2-11    齿轮齿条机械手臂

采用不完全齿轮,当齿轮单向旋转时,齿条做往复平动。该机构适用于要求机械臂往复移动的场合。改变齿轮或齿条上轮齿的数目,可满足不同的设计要求。

图 2-12    不完全齿轮机构

③ 平行四边形

结构简单,成本低,制作、控制方便。缺点:刚性较差,需制作提高刚度的辅助装置。图示为采用平行四边形机械手臂的学生获奖作品:解救人质机器人。

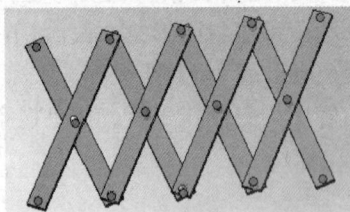

图 2-13    平行四边形机械手臂

④ 螺旋机械手臂

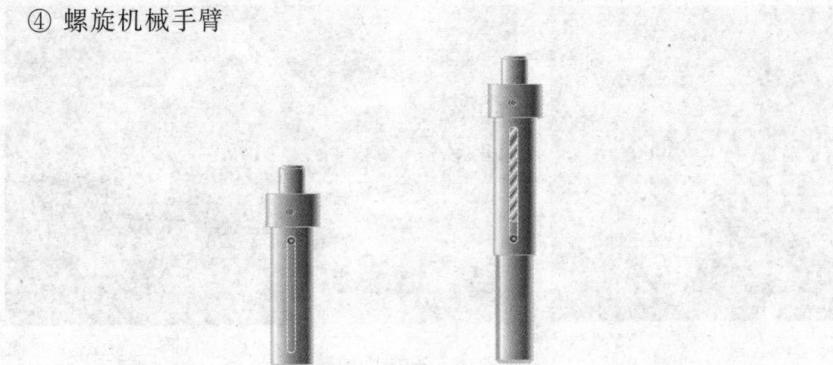

图 2-14 螺旋机械手臂

螺旋机构承载能力大,当精度要求不高时,可用三角螺纹配螺母即可,价格较低。同学们还可采用具有自润滑作用的聚四氟乙烯(塑料王)做螺母,与钢、铝制作的丝杠相配合。

⑤ 滑轨

规格很多,价格最低的只需几元左右。可以到装修市场购买,如抽屉上的滑轨、电脑桌的键盘滑轨等。滑轨通常与绳传动相结合使用,绳索可用钓鱼线、钢丝绳、尼龙绳等。

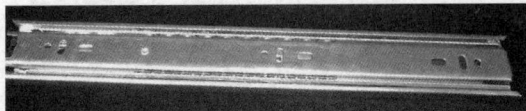

图 2-15 滑轨

⑥ 连杆机械臂

有各式各样的连杆机械臂,图示 2-16 所示为一种类似雨伞骨架的连杆机械臂,机械臂采用角铝或角钢制成。采用角铝或角钢(或其它截面形状)是为了提高机械臂的刚度,图中在机械手臂上钻工艺孔的目的是减轻质量。

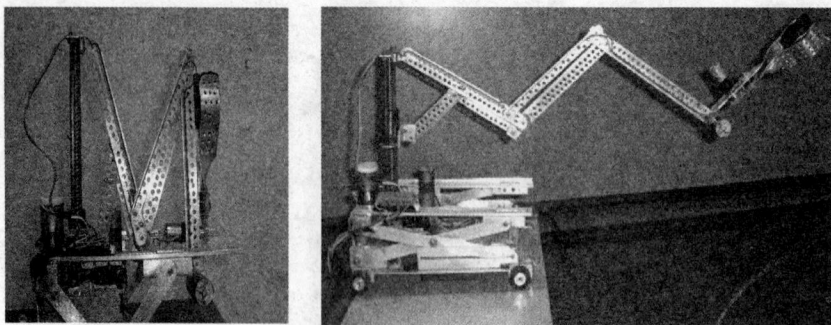

图 2-16　连杆机械臂

⑦ 气动机械手臂

图 2-17　气动机械手臂

气动机械手臂直接采用气缸,有的气缸行程可达数米,精度高、负荷大。但价格较高,且需要气源。

## 2.2　行走功能的实现

行走机构是机器人不可缺少的部分,行走机构的好坏直接决定了机器人的整体性能。

**1. 走平地**

可采用履带、轮子、足式、轮足式等实现走平地等功能。常见的有履带式、轮式、足式等,下面分别作一介绍。

① 履带(同步带、双面同步带)

可以在凹凸不平的地面上行走,可以跨越障碍,能爬梯度较小的楼梯。缺点是:前进、后退时会产生滑动,且转弯靠左右履带的速度差,转弯阻力大,不能准确确定回转半径。

这种结构一般有两个主动轮,分别由两个直流减速电机控制,当两个减速电机转速相同时,车身直行(前进或后退),当两个减速电机有速度差时,车身可左转或右转。履带小车重心低,行驶平稳、容易控制。设计成一节或二节、三节或多节均可。

履带支撑面积大,接地比压小,越野机动性好,爬坡、越沟等性能均优于轮式移动机构。但这种结构稍复杂,运动惯性大,减振能力差。

履带式机器人的重量主要是通过支撑轮压于履带板的轨道传递到地面上。因此可安装 5～9 个支撑轮,相邻两支撑轮之间的距离通常小于履带节距的 1.5 倍。

图 2-18 履带式爬行机构

② 车轮

常见的小车有三个轮子、四个轮子、多个轮子等,可增加万向轮来控制行进方向。轮式小车动作稳定,操作简便,最适合平地行走,一般不能跨越具有一定高度的障碍或者爬楼梯。万向轮用来控制车身转弯,缺点是在静止状态下会产生很大的阻力。也可以通过左右轮的速度差来控制车身转弯。

在 4 个车轮中,如果某个车轮的中心不正,可能导致 4 个车轮不能同时着地,以至控制困难。3 个车轮的优点是所有的车轮都会着地,不会产生空转现象,控制稳定。但当重心经常偏移时,相比 3 个轮子而言,4 个车轮更加稳定。

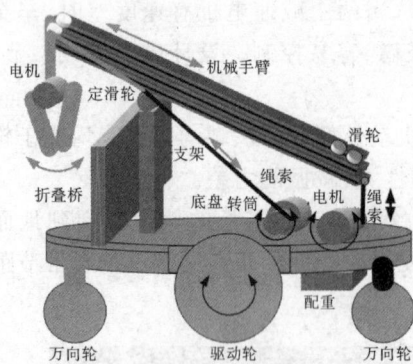

图 2-19　轮式小车

③ 履带与轮子组合式

履带与轮子相配合,不仅可以走平地,还可以跨越壕沟、翻越障碍等。这种结构底盘重心低,行进平稳,由于底盘面积通常较大,还可以设计为搬运装置。

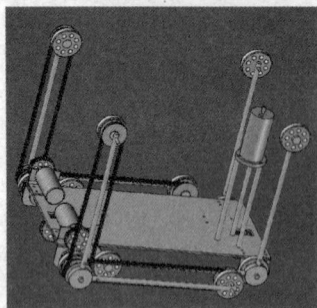

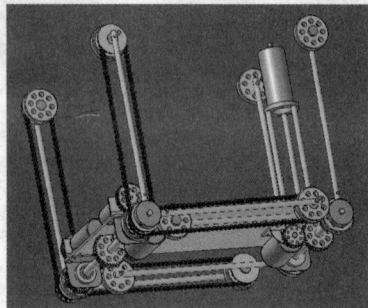

图 2-20　履带车轮组合式

④ 三叶轮

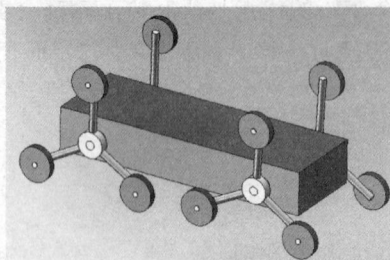

图 2-21　三叶轮行走机构

三叶轮小车可走平地、凹凸不平的道路,还可越障、走崎岖山路等。缺点是结构稍复杂。

⑤ 平行四边形机构

平行四边形机构结构简单,容易控制,但构件较多,对精度有一定的要求。下图为学生竞赛获奖作品"仿生尺蠖"。作品可模仿尺蠖行走,"尺蠖之行在于曲"。

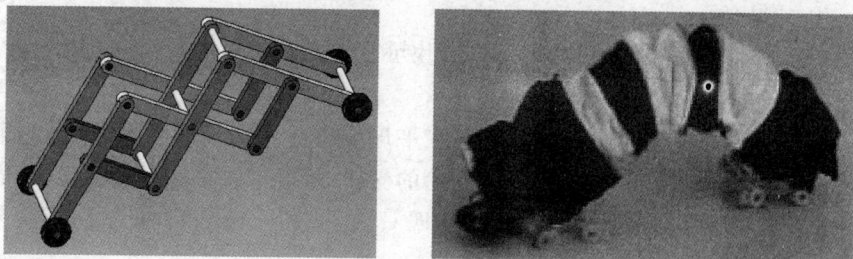

图 2-22　尺蠖

⑥ 足式行走机器人

足式机器人分为两足、四足、六足等,直接用腿行走,可以在平地,甚至能在凹凸不平的地面上行走、跨越壕沟、上下台阶等,具有广泛的适应性。但控制它在迈步时不致倾倒(重心变化),难度很大。同学们可参考相关书籍。

⑦ 其他

此外还有用压电晶体、记忆合金等驱动的机器人。下图为学生作品:"记忆合金驱动的机器人:六足爬虫"。

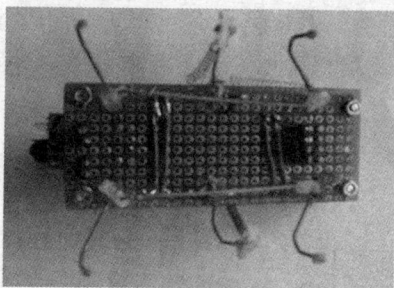

图 2-23　记忆合金驱动的机器人

## 2. 爬楼梯机构

目前出现了各种各样的爬楼梯机,常见的有复轮式、履带式、轨道式及多轮组合等。履带式与台阶呈线性接触,压力较大,对楼梯及履带均有较大磨损,且履带长度至少应大于 3 个台阶长,使楼梯车转弯半径受到限制。星形轮式爬楼梯机构,其上的多个小轮均匀分布,各个小轮可以自转,又可随系杆一起绕中心轴公转。平地行走时,各小轮自转,而爬楼梯时,各小轮一起公转。车轮履带式爬楼梯车在平地行走时利用轮式机构,爬楼梯时放下履带进行爬楼梯。根据要求的速度、尺寸、或者楼梯结构的不同,同学们可设计不同的爬楼梯装置。下面举几个常见的爬楼梯机构。

① 三叶轮

可爬行角度较小的楼梯,上下台阶均可。与其它移动机构相比,它的特点是行走、上下台阶容易控制。

车轮的大小取决于台阶的尺寸。在平坦地面上,由小车轮回转行走,当最前方小轮碰到台阶后,大轮(即 3 个小轮的支架)就会带着小轮一起公转,完成爬台阶的任务。除了三叶轮机构,还有四只轮子、五只轮子等,同学们可参考相关文献。

图 2-24　三叶轮

② 仿楼梯型

设计左右各两个与楼梯形状相吻合的片状结构,交替上升达到爬楼梯的目的。爬行时,其形状可根据楼梯的大小和爬楼梯装置的不同而不同,同学们可自行设计。

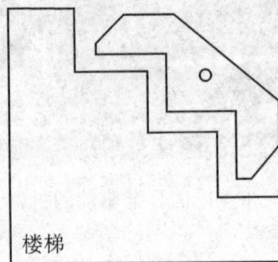

楼梯

图 2-25　仿楼梯型

③ 同步带

采用双面同步带,摩擦力大,速度快,可爬行 45°的楼梯。设计时,注意小车的重心控制。图示为学生获奖作品,采用双面同步带爬楼梯的机器人:深海探宝车。

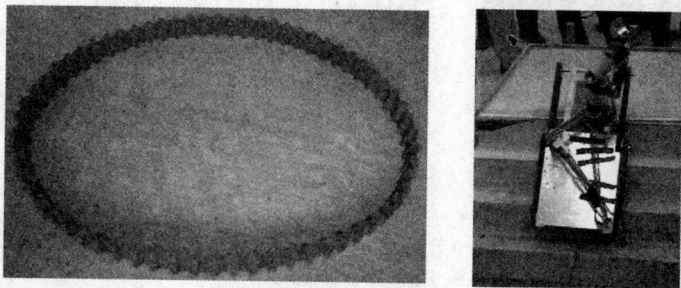

图 2-26 同步带爬楼梯

④ 三足式伸缩腿

这种结构运行平稳,可上下任何角度的楼梯,但速度较慢,腿部的伸缩可采用齿轮齿条传动、螺旋传动等。但车身尺寸会受到楼梯大小的限制,车身主体一般不能太大。

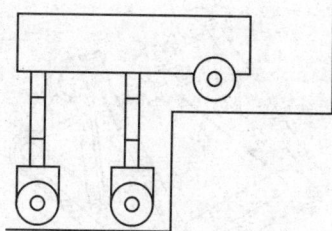

图 2-27 三足式伸缩腿

⑤ 辅助梯子

采用辅助梯子是一种不错的选择。它具有结构简单,制作方便,成本低,可靠性高等特点。辅助梯子上设计有摩擦较大的凹凸槽,凹凸槽可用螺钉固定小的铝条制作,或用胶水将铝条、自行车内胎粘接即可。图示为学生获奖作品,采用辅助梯子爬楼梯的机器人:深海探宝车。

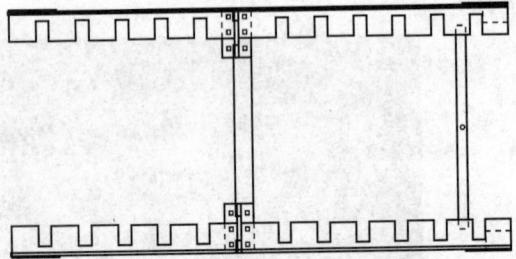

图 2-28　辅助梯子

⑥ 形状可变履带移动机构

形状可变履带移动机构是指履带的形状可以根据需要进行变化的机构。当主臂杆绕履带架上的轴旋转时,带动行星轮转动,从而实现履带的不同构型,以适应不同的移动环境。因此,这种机构可以适应台阶而改变形状,比通常的履带式动作更加自如,适应性强。

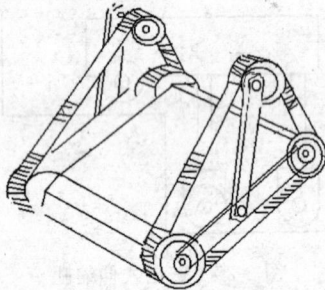

图 2-29　形状可变履带

⑦ 其他

下图为一爬楼梯装置,请大家自己设计一种爬楼梯机器。要求电机数量尽可能少,采用的机构、传动或机构组合、传动组合不限,但结构尽可能简单,高效,可靠。

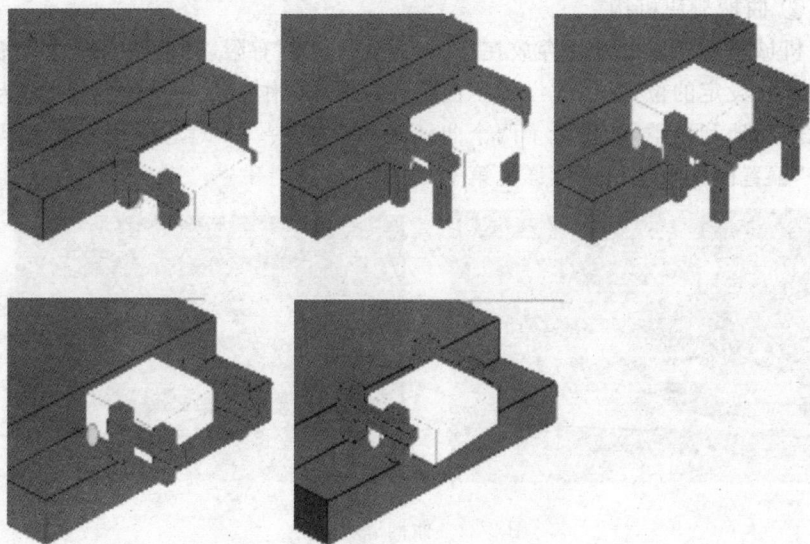

图 2-30 爬楼梯装置

## 2.3 存储功能的实现

不少竞赛题目要求作品具有搬运功能,为了节省时间,需要设计各种类型的存储机构。存储机构要根据实际情况、搬运目标的尺寸以及机器人本体的特点而设计。

① 固定存储箱

固定存储箱通常根据需要搬运的目标而设计,没有特别的机构或传动,结构简单,存储可靠。下图左图为学生获奖作品:月球车。

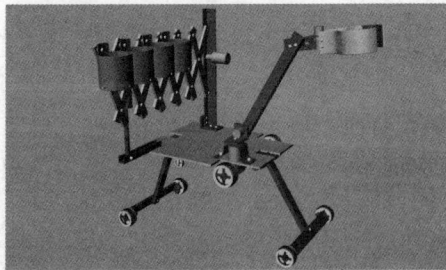

图 2-31 固定存储箱

② 曲柄滑块机构

机械手将抓取的木块存放在车身上,由于空间有限,且机械手只能将木块放在预先设定的位置,因此设计了曲柄滑块机构,作为存放木块的装置;为了最大限度地利用空间,设计了两个曲柄滑块机构,一个"对心曲柄滑块机构"、一个"偏置曲柄滑块机构"(详见第七章)。

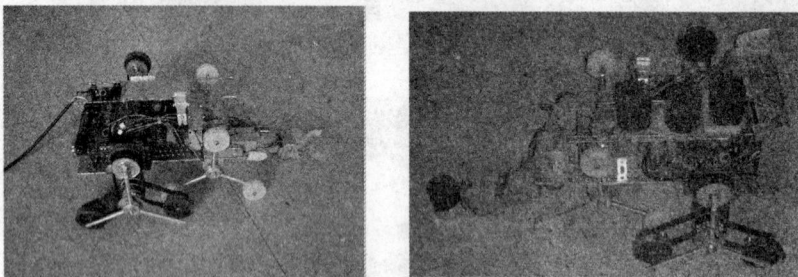

图 2-32　曲柄滑块机构

③ 连杆存储机构

机械手每次放置一个木块,放完七个后,存储箱将木块夹紧,一次性将七个木块倒至指定位置,并防止木块翻倒(详见第七章)。

图 2-33　连杆存储机构

④ 传送带存储

机械手每次将木块放在固定位置,电机驱动同步带,电动机每转动一个设定的角度,同步带即带动木块向前移动一个固定的距离。

图 2-34　传送带

⑤ 齿轮齿条

机械手每次将目标物体放置在固定位置,电机驱动齿轮,带动齿条移动,控制齿条移动的距离,将目标逐个存放于手臂之上。

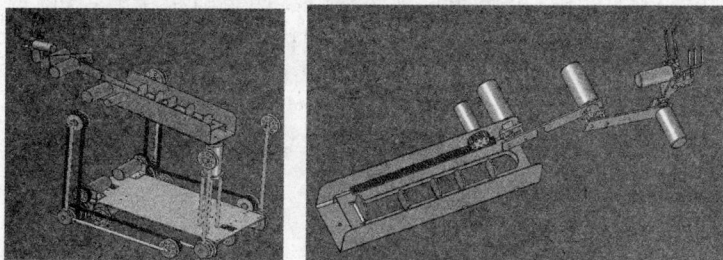

图 2-35　齿轮齿条

⑥ 存储机构形式各异,其余请大家参见 2.7"综合创新"。

## 2.4　越障功能的实现

机械竞赛中常见的障碍有墙壁、管道、木桩、凹坑、壕沟等,要求机器人顺利翻越或跨越障碍,一般允许机器人采用辅助设备。

**1. 翻越障碍**

很多竞赛要求机器人完成越障动作,能够翻越障碍的机构很多,常见的有以下几种。

① 三叶轮

采用星形轮式机构,多个小轮均匀分布,各个小轮可以自转,又可随系杆一起绕中心轴公转。平地行走时,各小轮自转,而翻越障碍时,各小轮一起公转,从而翻越障碍。通常这种结构只能翻越较小的障碍,且主轴需要安装一个扭矩较大的翻转电机。

图 2-36　三叶轮

② 直角腿

小车由四个直角腿(可作 360°旋转)组成,四条腿相互配合,可翻越较高的障碍。制作简单,直角腿可直接由光杆、钢棒、铝棒制作。

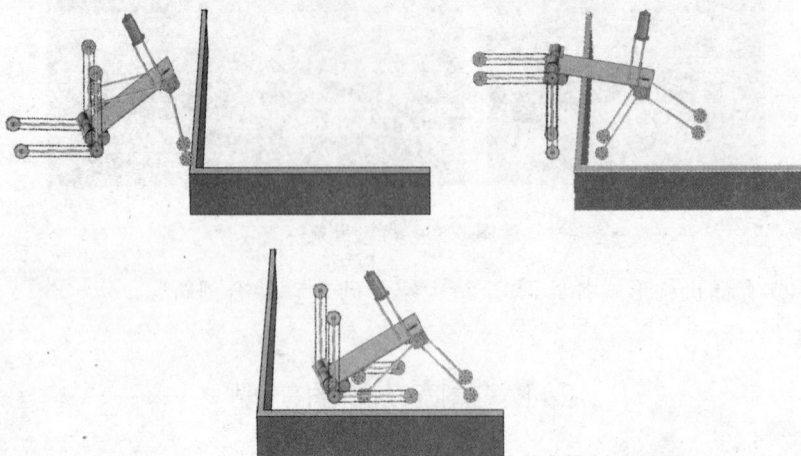

图 2-37　直角腿

③ 三条伸缩腿

可根据障碍的高度确定伸缩腿的尺寸。伸缩腿可采用螺旋传动、齿轮齿条等机构。缺点:动作多,配合麻烦,速度较慢。

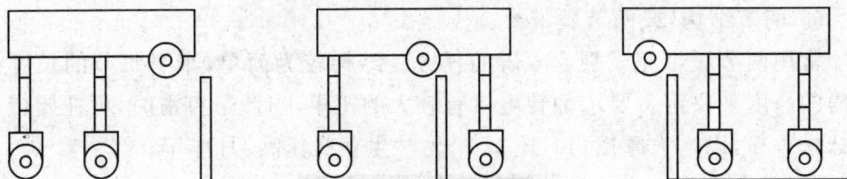

图 2-38　三条伸缩腿

④ 辅助梯子

简单易行,成本低,可靠。梯子可由角铝制作,角铝上面可胶结一些铝片(条),或自行车内胎等,增大摩擦力。

图 2-39　辅助梯子

优点:可靠、成本低,制作简单,容易控制,摩擦力大,不会打滑。但机器人在爬行过程中(尤其是下行时)要控制好重心,防止翻倒。

⑤ 平行四边形翻越

需要一个大扭矩的翻转电机,小车在空中滞留的时间不能太长,且要保持平衡。缺点:平行机构需根据障碍的大小、形状设计。

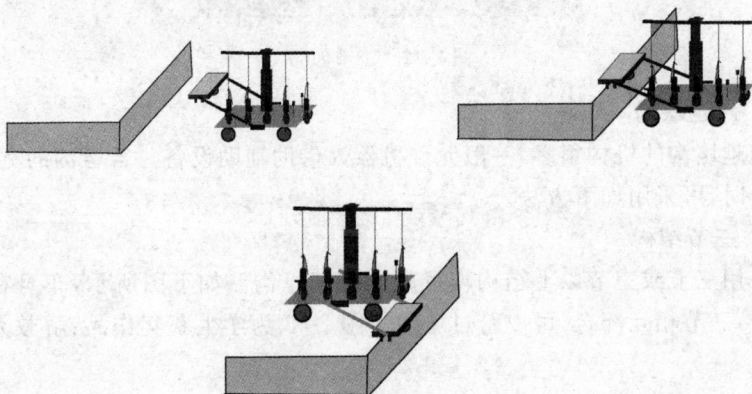

图 2-40　平行四边形越障机构

⑥ 两节结构，或两节履带

常用两节履带完成翻越障碍的任务。结构较为简单，车身每节的长度由障碍的高度来决定。要求翻转电机有较大的扭矩，当履带打滑时，可在履带上涂抹松香粉，以增大摩擦力。图 2-41 为学生获奖作品：月球车。

图 2-41　两节履带越障机构

⑦ 三节结构（履带）

三节结构与两节履带类似，结构较为简单。车身每节的长度由障碍的高度来决定。翻转电机要有较大的扭矩。当履带打滑时，可在履带上涂抹松香粉，以增大摩擦力。

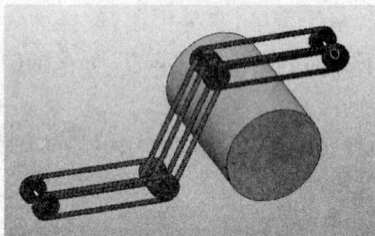

图 2-42　三节履带

**2. 跨越壕沟**

跨越壕沟的机构很多，一般允许机器人借助辅助设备。若壕沟的宽度、深度较小时，可采用如下方法。

① 三节结构

采用三节或三节以上结构均可顺利跨越壕沟。如下图所示，车身在到达壕沟时，三节相互配合，可以跨过壕沟。图 2-43 为学生获奖作品：解救人质机器人。

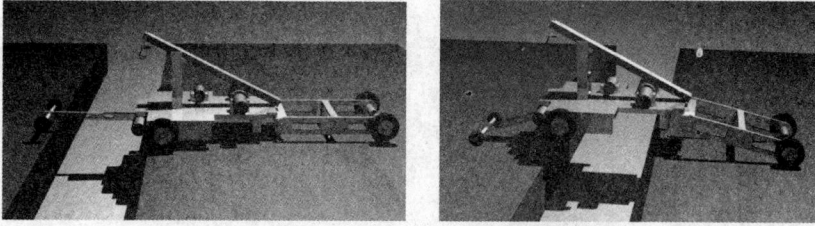

图 2-43　三节跨越装置

② 直角腿

采用直角腿的结构,可跨越深度较小的壕沟,腿的长度与壕沟的深度有直接关系。图示小车由四个直角腿(可作 360°旋转)组成,四条腿相互配合,可顺利跨越壕沟。优点:制作简单,直角腿可直接由光杆、钢棒、铝棒制作。

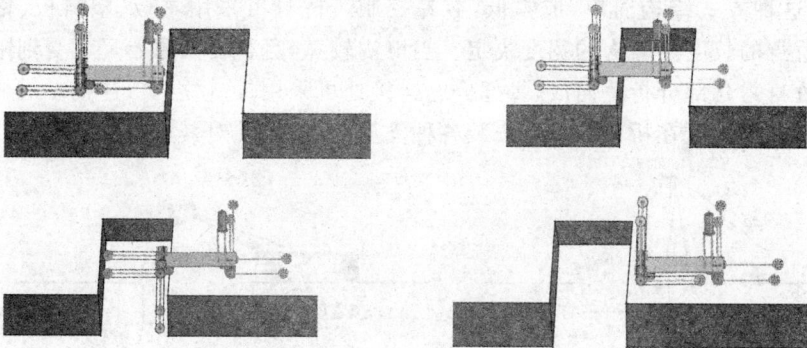

图 2-44　直角腿跨越机构

③ 三条伸缩腿

该机构不仅可以翻越障碍、爬楼梯,还可以跨越壕沟。腿部的伸缩可以采用齿轮齿条、螺旋等。该装置运行可靠,但速度较慢。

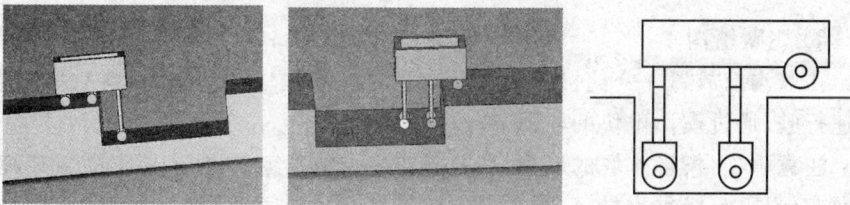

图 2-45　三条伸缩腿越障装置

④ 辅助泡沫

空心泡沫（但要保证强度和刚度），质量轻，成本低，可辅助完成跨越壕沟的动作。机器人将泡沫填入后，小车可以顺利通过壕沟，但对机械手提出了更高的要求，要求机械手具有多个自由度。

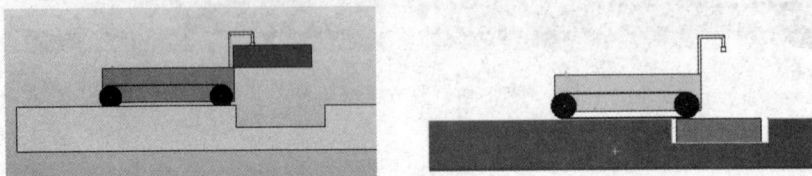

图 2-46　辅助泡沫

⑤ 搭桥

这种方式结构简单，成本低，容易控制。桥身可采用木板、塑料板、铝板等，桥身的长度由壕沟的宽度决定。当壕沟较宽，且机器人原始尺寸受到限制时，桥身需几部分折叠而成，每部分的连接处可采用铰链（合页）连接。对要求较高的桥梁，可在桥梁连接处安装各种类型的电机，并对其进行无线控制。

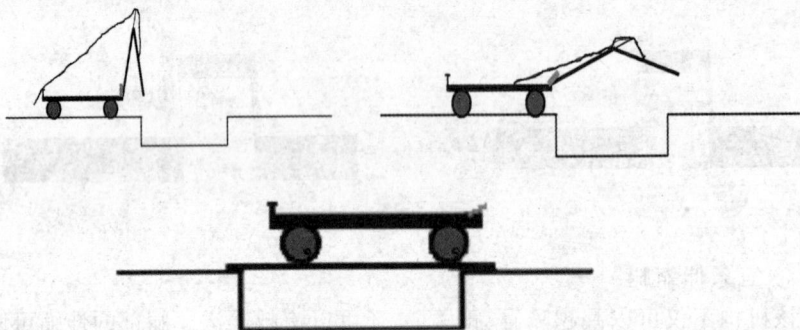

图 2-47　辅助桥梁

⑥ 飞跃壕沟

在壕沟前放置一个比机器人底盘略宽的楔形木块（或其它材料），机器人高速行驶，通过楔形木块的辅助，冲过壕沟。

注意事项：楔形木块的形状、高度需经过试验确定；机器人要牢固结实，速度要有保证，且必须重量轻，重心低。较其它几种方案，采用飞跃壕沟的方式稍有难度。

# 2.5　提升功能的实现

提升机构要求目标提升至指定的位置。提升机构的指标有:速度、稳定性、功率等。

① 螺旋机构

考虑到稳定性,通常由三个螺杆(至少两个)支撑需要提升的装置;或采用一根螺杆与光杆的组合。为了保证所有的螺杆同步提升,一般采用一个大齿轮带动若干个小齿轮的方式驱动,当然,小齿轮要完全相同,并与每个螺杆相连接。若被提升的装置质量较轻,为了提高其平稳性和降低噪声,可采用尼龙齿轮;若要提高速度,可提高齿轮传动比、电机转速,还可增加螺杆的螺距、头数等。

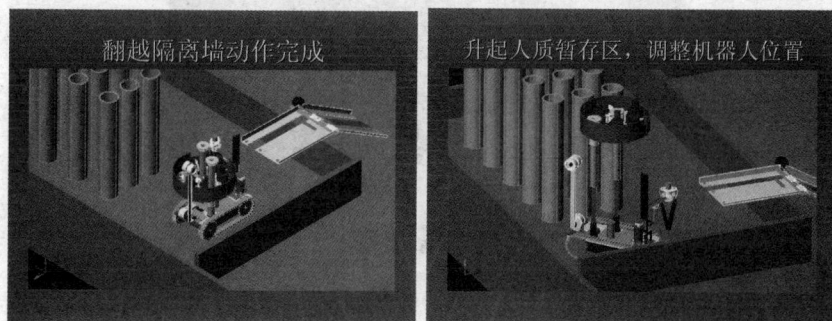

图 2-48　螺旋提升机构

② 滑轮绳索机构

结构简单,成本低,电机带动滑轮旋转,即可带动绳索将目标提升或降低。滑轮可直接购买,也可在机床上车制,材料可选尼龙、有机棒、塑料等;绳索可采用钓鱼线、风筝线、钢丝等。缺点:车身行进时,绳索晃动,可能会相互缠绕,导致动作失败。图 2-49 为学生获奖作品,此处采用了绳传动提升装置。

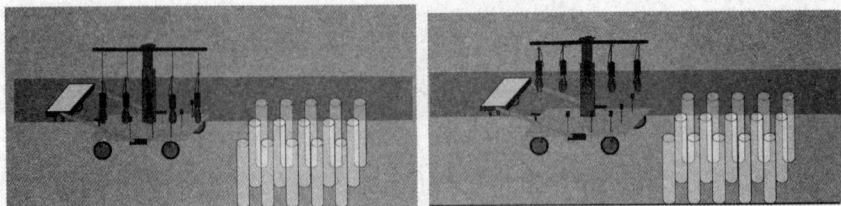

图 2-49　绳传动

③齿轮齿条

齿轮齿条购买方便,只需做简单的二次加工即可,注意齿轮齿条的润滑。但齿轮齿条传动有自身的特点和局限,只能做往复运动,不能像带、链那样做周转运动。

图 2-50　齿轮齿条

④ 链传动

轴与轴之间的距离较远时,可采用链传动。在链条上安装特制的挂钩,挂钩上加装料斗,即可提升目标物体。该方法制作简单,成本低,但同学们要注意链传动的设计、安装、维护等。

图 2-51　链传动

⑤ 带传动

将料斗与皮带连接,当带转动时,即可实现物料的运送。图 2-52 为学生获奖作品:水上清洁船,作品可收集水面上较小的垃圾,并将垃圾收集到船身上的垃圾存储箱内。通常采用同步带传动,设计时,需注意带的安装、维护。

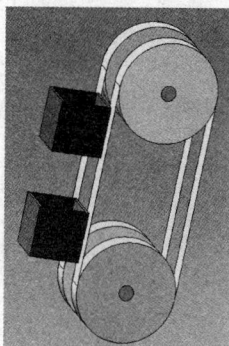

图 2-52　带传动

⑥ 平行提升机构

平行提升机构工作平稳,若配合以滚珠丝杆,则升降阻力小,容易控制。但平行提升机构的加工、装配精度较高,调试时有一定的难度。图 2-53 为学生获奖作品,此处采用了平行提升机构。

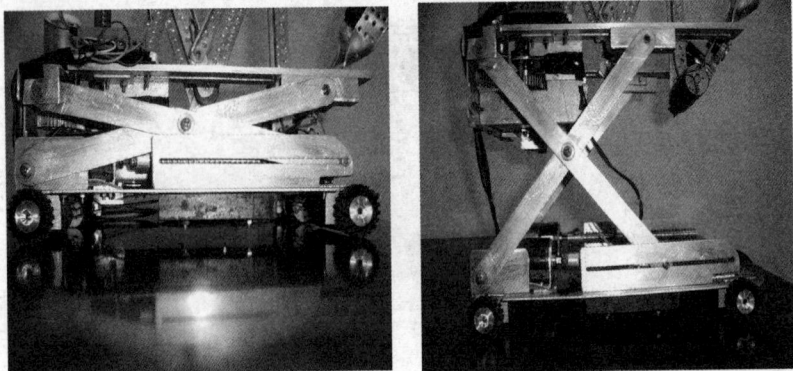

图 2-53　平行提升机构

⑦ 平行四边形提升机构

结构简单，加工、安装均很方便，但只能提供较小的力，且有失稳现象，需有刚度保持结构或者装置。

图 2-54　平行四边形机构

## 2.6　攀爬功能的实现

目前有各式各样的攀爬机器人，很多已用于生产、生活。竞赛中常见的攀爬机构有以下几种。

① 两足爬杆机器人

图示为两足机器人，每只足有两个抓脚，初始状态下抓脚抓紧圆杆，当其旋转 90°时，抓脚张开，松开圆杆。机器人可以可爬竖直杆和水平弯杆，并按原路返回。作品简介请见第七章。

② 曲柄滑块爬杆机器人

图 2-55　两足爬杆机器人

　　图 2-56 为清华大学学生设计制造的爬杆机器人。机器人模仿尺蠖动作，其爬行机构由简单的曲柄滑块机构构成，其中电机与曲柄固接，驱动整个装置运动。上下两个自锁套是实现上爬的关键结构。当自锁套有向下运动的趋势时，锥套、钢球与圆杆之间会形成可靠的自锁，使装置不会下滑，而上行时自锁解除。

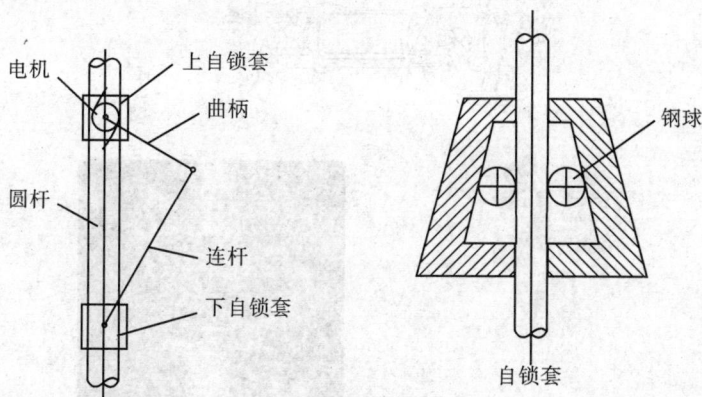

图 2-56　曲柄滑块爬杆机器人

　　爬杆机器人的爬行过程如图 2-57 所示。图 a 为初始状态，上下自锁套位于最远极限位置，同时锁紧；图 b 状态曲柄逆时针方向转动，上自锁套锁紧，下自锁套松开，被曲柄连杆带动上爬；图 c 状态曲柄已越过最高点，下自锁套锁紧，上自锁套松开，被曲柄带动上爬。如此周而复始，实现自动爬杆。

　　③ 内管机器人

　　管道机器人主要用于石油、化工管道、煤气管道、水管及核电站管道的探测和维修。有各种各样的形式，履带型、蠕动型、蛇型等。下图为学生获奖作品："具有视觉、嗅觉的管道探测机器人"，作品为轮式驱动，可探测管道的裂纹，并能感知烟雾，可爬直管、曲率半径可变的弯管等功能。

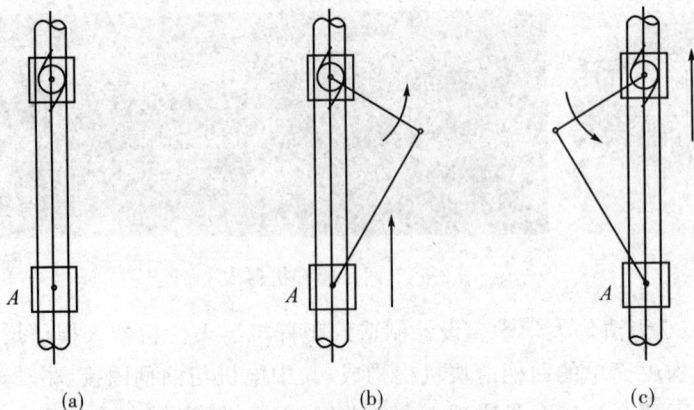

図 2-57　曲柄滑块爬杆机器人

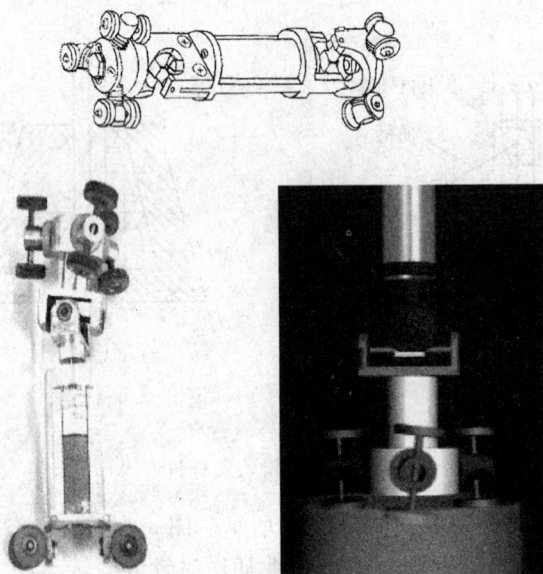

图 2-58　内管机器人

④ 多足爬壁装置

多足爬壁装置在墙壁上行走时,要求其在任何时刻都能附着在壁面上。这一性能由装置上处于吸附状态的足(或者手爪)来保证。对于真空吸盘,吸力由吸盘内外的空气压差产生。装置按一定的步态行走,吸附支撑足数及其相对位置在不断变化,因此抗滑落安全系数和抗倾覆安全系数也会随之变化。

因为爬壁装置发生倾覆的后果比产生滑落要严重得多,而且抗滑落安全条件
更容易控制,所以在保证足够的最小抗滑落安全系数的条件下,应采取具有最
大抗倾覆能力的步态行走方式。

⑤　气动爬杆

采用气动元件组合,可以爬杆。此处简图从略,请同学们自行设计。

⑥　磁性爬壁装置

靠磁性元件(如磁性手、足)等爬壁,但墙壁必须为钢等导磁性材料。将真
空吸盘换成磁性手、足,装置按照一定的步态行走,吸附支撑足数及其相对位
置在不断变化。通过单片机给电磁铁通、断电,使其吸附时带有磁性,行走时
不带磁性,如此实现爬壁的功能。

⑦　三足交替爬杆

三条腿交替上升,可上爬、下爬,水平爬杆,但不能爬弯管。两条腿抓紧
时,第三条腿松开,在齿轮齿条的带动下上爬或下爬。三条腿交替松开、抓紧,
实现了自动爬杆。

图 2-59　三足交替爬杆

## 2.7　创新设计举例

本小节以浙江省第二届大学生机械设计大赛的题目(参阅附录 1)为例,
要求机械装置完成上下楼梯、拣圆环、套圆环于圆柱上等特定动作。下面给出
几个拣圆环、套圆环的方案,希望能给大家以启发和帮助。

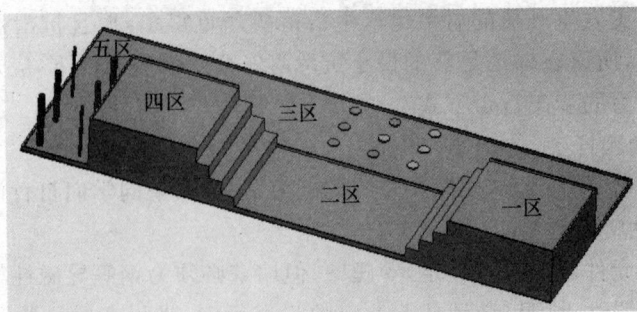

图 2-60　海底探宝车竞赛场地

① 圆筒法

机械手抓取圆环并将其放置于圆筒中,圆筒内径大稍大于圆环外径。当圆筒对准木桩时,再依次将圆环套在木桩上。这种方法简单易行,圆筒可以用矿泉水的瓶子。为了美观起见,可以在车床上加工薄壁套筒,材料可以选择轻质的铝、尼龙等。但圆环在重力的作用下会掉出圆筒,需要在筒口作一附加装置,防止圆环掉落,具体请同学们自行设计。

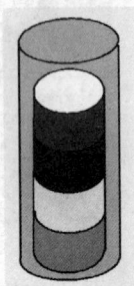

图 2-61　圆筒法

② 圆柱法

采用 PVC 管(其外径稍小于圆环内径)作为存储构件,其长度足够存放 9个圆环,三个机械手夹紧 PVC 管使圆环不会滑落。

当探宝车进入五区时,套筒对准木桩,先将最下面的爪子张开,套筒下面的 5 个圆环首先套入木桩。接着将最下面的机械手夹紧,张开中间的机械手,使上面的 4 个圆环滑落至 PVC 套筒下部。最后将中间的机械手夹紧,张开最下面的机械手,使其余 4 个圆环滑落,顺利套入木桩。

优点:结构简单、制作方便、成本低;同时,PVC 套筒在五区套环时定位容易,并能在一次定位后将 9 个环全部套在木桩上,节约了套环时间。

图 2-62　圆柱法

③手臂存储法

将圆环存储于手臂上。机械手固定于机械手臂,机械手有两个自由度,每次抓取一个圆环,并将其放置在机械臂上。抓完 9 个圆环后,再依次将圆环套于木桩之上。优点:结构简单,制作方便,效率高,放置圆环时只需一次定位。

图 2-63　手臂存储法

④ 双喇叭套筒

采用套筒存储圆环。通过调整机械手臂的位置,使机械手夹持 PVC 圆环位于套筒的正上方,松开机械手,PVC 圆环落入筒中。

套环时只要将装满 PVC 圆环的套筒对准木桩,即一次性将 5 个圆环连同套筒一起套在木桩上。合理地设计套筒,解决了圆环逐个套入耗费时间过多的问题,而且提高了套环成功率和准确度,大大提高了探宝车的工作效率。

套环动作:套环时,机械手臂抓取装满圆环的套筒,通过手臂的调整,夹持套筒达到木桩上方,此时允许前后左右存在一定误差,但木桩边沿不超出喇叭口覆盖区域即可。松开机械手,套筒即连同圆环一起套入木桩,完成套环动作。

优点：由于套筒上下部分均为喇叭口，上喇叭口可大大降低存环难度并减少定位时间；套筒连同PVC环一起套入木桩，可减少套环的次数，而采用下喇叭口能提高套环的准确度，降低定位难度，缩短套环时间。

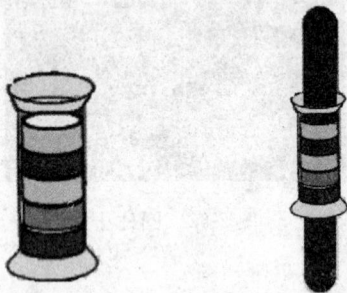

图2-64　双喇叭套筒

⑤ 双滑轮法

机械手对准圆环并靠近时，两滑轮同时转动，将圆环逐个"吸"至直杆手臂，手臂长度为9个圆环的长度。滑轮正转时，圆环不会由于重力而掉落。当机械手对准木桩时，滑轮反转，将圆环"吐出"，逐个套在木桩上。

优点：制作简单、效率高、套环时只需一次定位，且运行可靠。

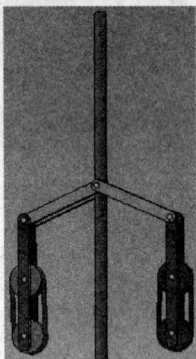

图2-65　双滑轮法

⑥ 弹簧凸轮机械手

将凸轮机械手的手爪做长，可作为存储机构，采用凸轮机械手取环、储环、套环。将三个动作整合到一个机构上，使探宝车结构简单，并大大提高工作效率。

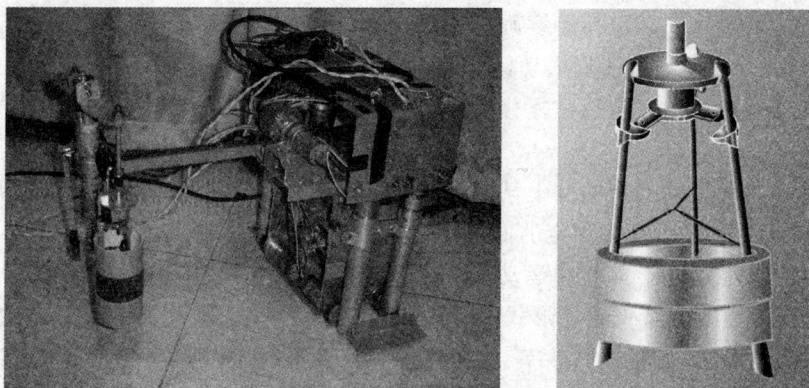

图 2-66  凸轮弹簧机械手

机械手由三根支撑杆构成,支撑杆内部装有凸轮机构。凸轮转动时,机械手完成撑开与收拢动作,机械手的撑开与收拢即可完成取环与套环两个动作。同时,采用伸缩螺旋机构,伸缩杆上升下降带动机械手上下运动,方便抓取圆环。

机械手还可以完成储环功能,将 5 个 PVC 圆环存放在机械抓手上,这样大大节省取环的时间。

套环时,只要将装满圆环的机械手对准木桩,转动凸轮,收拢机械抓手,圆环即可在自身重力作用下套入木桩,这种套环方式可一次实现五个环同时套在木桩上,提高了探宝车的工作效率,并且定位方便,套环可靠性高。

⑦ 总结

实际上,圆环状物体抓取、存储、放置等有自己的特点,方法很多。其它方案,请大家力求创新,自行设计。

## 2.8  常用机构及运动方式转换

机械创新设计涉及多个学科,是机械、液压、气动、电子、光电、电磁及控制等多种技术的交叉、渗透与融合。我们应尽可能从多方面、多角度、多层次寻求多种解决问题的途径,在多方案比较中求新、求异、选优。以发散性思维探求多种方案,再通过收敛评价取得最佳方案,这是创新设计方案的特点。

机械中完成执行动作的构件,称为执行机构,或输出构件。执行机构可以

是连架杆,也可以是非连架杆。常见执行机构的运动形式有:

1. 旋转运动。包括连续旋转运动,如机床的主轴;间歇旋转运动,如自动机床工作台的转位;往复摆动,如钟摆。

2. 直线运动。包括往复移动,如筛选机构;间歇往复移动;单向间歇直线移动。

3. 曲线运动。指构件上某一点作特定的曲线运动。如搅拌机、和面机机构,其连杆上某一点按预定的曲线轨迹运动。

4. 其他运动。如超越运动、补偿运动、换向运动等。

通常能实现某一运动形式的机构有多种多样,大家在选择的时候,应综合考虑多种因素,如机构的效率、受力情况、设计加工难易程度、可靠性、制造成本、装配调试的方便性、可操作性、维修、外观等。

在大学生机械设计竞赛中,经常会遇到运动形式的转换,如将旋转运动变直线移动、将直线运动变旋转运动等,为此我们作一总结,相信会对大家有所启发和帮助。

表 2-1　实现特定运动的常用机构与传动 1

| 运动形式 | | 传动机构 | 特点和应用 |
|---|---|---|---|
| 移动 | 等速直线移动或环形移动 | 带传动 | 平稳,传递功率不大,多用于水平运输散粒物料或重量不大的非灼热机件,加装料斗后可作垂直提升。 |
| | | 链传动 | 传递功率较大,常用于各种环形移动的输送机。 |
| | 往复直线运动 | 连杆机构 | 常用于曲柄滑块机构;结构简单、制造容易,能传递较大载荷,耐冲击,但不宜高速;多用于对构件起始和终止有精确位置要求而对运动规律不必严格要求的场合。 |
| | | 凸轮机构 | 结构较紧凑,其突出优点是在往复移动中易于实现复杂的运动规律,如控制阀门的启闭;行程不能过大,凸轮工作面单位压力不能过大;重载时容易磨损。 |
| | | 螺旋机构 | 工作平稳,可获得精确的位移量,易于自锁,特别适用于高速回转变成缓慢移动的场合,但效率低,不宜长期连续运转;往复可在任意时刻进行,无一定冲程。 |
| | | 齿轮齿条机构 | 结构简单紧凑,效率高,易于获得大行程,适用于移动速度较高的场合,但传动平稳性和精度不如螺旋机构。 |
| | | 绳传动 | 传递定常距离直线运动,特别适用于重物的上下升降运动。 |

表 2-2　实现特定运动的常用机构与传动 2

| | | |
|---|---|---|
| 间歇回转 | 槽轮机构 | 运动平稳,工作可靠,结构简单,效率较高,多用来实现不需经常调节转动角度的转位运动。 |
| | 棘轮机构 | 常用连杆机构或凸轮机构组合,以实现间隙回转;冲击较大,但转位角易调节,多用于转位角小于 45°或转动角度大小常需调节的低速间歇回转。 |
| 往复摆动 | 连杆机构 | 常用曲柄摇杆机构、双摇杆机构,其它与作往复直线运动的连杆机构相同。 |
| | 凸轮机构 | 与作往复直线运动的凸轮机构相同。 |
| | 齿轮齿条机构 | 机构齿条往复移动,齿轮往复摆动;结构简单、紧凑,效率高;齿条的往复移动可由曲柄滑块机构获得,也可由气缸、油缸活塞杆的往复移动获得。 |
| 曲线运动 | 连杆机构 | 用实验方法,解析优化设计方法或连杆图谱而获得近似连杆曲线。 |
| 振动 | 凸轮机构 | 中等频率,中等负荷,如振动送砂机。 |
| | 连杆机构 | 频率较低,负荷可大些,如振动运输槽。 |
| | 旋转偏重惯性机构 | 频率较高,振幅不大且随负荷增大而减少,如惯性振动筛。 |
| | 偏心轴强制振动机构 | 利用偏心轴强制振动;频率较高,振幅不大且固定不变,工作稳定可靠,但偏心轴固定轴承受往复冲击,易损坏。 |
| 特殊运动要求 | 换向 | 双向棘轮机构、定轴轮系(三星轮换向机构)等。 |
| | 超越 | 齿式棘轮机构、摩擦式棘轮机构等。 |
| | 过载保护 | 带传动机构、摩擦传动机构等。 |

表 2-3　常用原动机的运动形式及特点

| 运动形式 | 原动机类型 | 性能与特点 |
|---|---|---|
| 连续运动 | 普通电动机 | 结构简单、价格便宜、维修方便。 |
| 往复移动 | 直线电动机 | 结构简单、尺寸小,速度较低,成本较高。 |
| 往复摆动 | 双向电动机、摆动气缸 | 结构简单、维修简单、调速方便,运转费用较高。 |
| 步进运动(间歇运动) | 舵机 | 成本低,载荷小,容易控制。 |
| | 步进电机 | 成本较高,精度高,控制稍复杂。 |
| | 伺服电机 | 成本很高,精度很高,控制稍复杂,载荷大。 |

# 第3章　机械本体的制作

总体方案确定后,即开始设计、加工零部件了。因此同学们必须掌握一定的设计、加工以及装配技巧。本章将介绍机械竞赛中常用的设计、加工方法。为了使机械作品能够更准确、更可靠地运行,需要不断地对它进行完善和改进。建议大家用计算机绘图软件做出三维实体模型,并对它进行运动仿真。本着结构简单、容易加工的原则,不断地改进它的结构和性能。同时,同学们还要注意养成良好的习惯和一丝不苟的工作态度,设计图纸要规范,注意正确标注尺寸、公差配合、粗糙度等,具体要求可参考其他相关的参考资料,本书不再赘述。图示 3-1 为参赛学生设计、加工的一些零件。

图 3-1　学生设计、加工的零件

# 3.1　常用零件及其设计

## 3.1.1　常用零件及其设计

### 3.1.1.1　齿轮

齿轮传动是机械传动中最重要的传动之一，传递的功率可达数十万千瓦，圆周速度可达 200 米/秒。齿轮传动的主要特点有：① 效率高；② 结构紧凑；③ 工作可靠、寿命长；④ 传动比稳定；⑤ 不仅可以传递平行轴的运动和动力，还可传递交错轴之间的运动和动力。但齿轮传动的制造及安装精度要求高，价格较贵，且不宜用于传动距离较大的场合。

图 3-2　齿轮

**1. 齿轮材料的选择**

适合加工齿轮的材料很多，同学们在选择时要注意，在满足强度、寿命的条件下，尽可能选择容易加工、重量轻的材料。具体选择原则如下：

① 钢，钢材的韧性好，耐冲击，还可通过热处理或化学处理的方法改善其力学性能及提高齿面的硬度。同学们可采用 45 号钢制作齿轮，但钢制齿轮加工周期长，重量大约是铝制齿轮的 3 倍。

② 铝，若传递功率不大，可采用铝制齿轮。铝制齿轮重量轻，加工周期短；但强度和寿命不如钢制齿轮，很容易磨损。

③ 非金属材料，对高速、轻载及精度要求不高的齿轮传动，为了降低重量或噪声，常用非金属材料，如尼龙、PVC 等。

**2. 齿轮的设计**

对于重要的齿轮，必须对齿轮进行受力分析，可根据《机械设计》教材上推荐的设计步骤,对齿轮进行设计和校核。

具体设计如下:① 闭式软齿面:按照齿面接触强度进行设计,照齿根弯曲强度进行校核;② 闭式硬齿面:按照齿根弯曲强度进行设计,照齿面接触强度进行校核;③ 开式齿轮:按照齿根弯曲强度进行设计,最后适当增加其模数。

**3. 齿轮的加工方法**

常用的加工方法:① 铣齿轮;② 线切割;③ 精度高时,需精磨;④ 对于较薄的齿轮,可用有机玻璃等加工,采用激光雕刻也是一种不错的方法;⑤ 也可以定制齿轮,让专门的厂家加工,但这样成本较高,加工周期稍长。

最好直接到机电市场购买。机电市场有各种类型、大小的齿轮,同学们可根据设计要求直接购买,再根据轴的直径,对其进行二次加工,比如扩孔、插键槽等。

**4. 其他类型的齿轮**

若直齿轮不能满足设计要求,同学们可采用斜齿轮、锥齿轮和蜗杆蜗轮等。这三种类型齿轮的加工周期均较长,建议大家直接购买:

① 斜齿轮:斜齿轮比直齿轮运转平稳,噪声小,承载能力大,适合高速传动,主要缺点是斜齿轮会产生轴向力,对轴两端的轴承具有一定的影响;② 锥齿轮:传递交错轴的运动和动力;③ 蜗杆蜗轮:传动比大,可传递空间交错轴的运动,但效率较低,发热量大,需要良好的散热措施。

**5. 注意事项**

齿轮的设计图纸要求标注粗糙度、精度等级、材料、热处理方式等。同学们可参照相关的设计手册,查阅公差标准等,此处不再赘述。

### 3.1.1.2　轴

轴是机器中重要的零件之一,用来支持旋转的机械零件,如齿轮、带轮等。根据承受载荷的不同,轴可分为转轴、传动轴、心轴。

转轴既传递转矩又承受弯矩,如齿轮减速器中的轴;传动轴只传递转矩而不承受弯矩或弯矩很小,如汽车的传动轴;心轴只承受弯矩而不传递扭矩,如铁路车轮的轴、自行车的前轴等。

根据轴线的形状,轴还可以分为:直轴、曲轴和挠性钢丝轴。本小节只介绍机械竞赛中常用的阶梯直轴。

轴的材料:45 号钢、铝、塑料、尼龙等。

轴的设计,主要是轴的结构设计,要求轴的各部分具有合理的形状和尺寸。其主要要求是:① 轴应便于加工,轴上的零件要易于装拆(制造安装要求）；② 轴和轴上零件要有准确的工作位置（定位要求）；③ 各零件要牢固而可靠地相对固定（固定要求）；④ 改善受力状况，减小应力集中（受力要求）。重要的轴，大家还应该对它进行有限元分析（见第 6 章）。

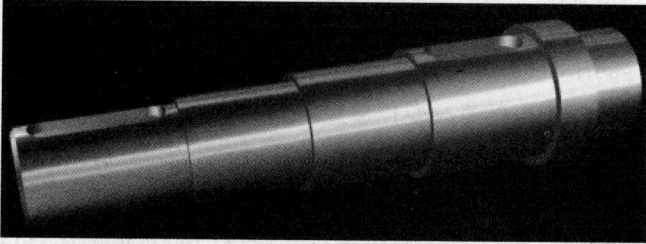

图 3-3　阶梯轴

### 1. 制造安装要求

为便于轴上零件的装拆，常将轴做成阶梯形。对于一般剖分式箱体中的轴，它的直径从轴端逐渐向中间增大。为使轴上零件易于安装，轴端及各轴段的端部应有倒角。需要磨削的轴段，应有砂轮越程槽；车制螺纹的轴段，应有退刀槽。在满足使用要求的情况下，轴的形状和尺寸应力求简单，以便于加工。

### 2. 轴上零件的定位

有些零件依靠轴肩定位，有些采用套筒定位。

### 3. 轴上零件的固定

轴上零件的轴向固定，常采用轴肩、套筒、螺母或轴端挡圈等形式。无法采用套筒或套筒太长时，可采用圆螺母加以固定。

采用套筒、螺母、轴端挡圈作轴向固定时，应把安装零件的轴段长度做得比零件轮毂短 2～3mm，以确保套筒、螺母或轴端挡圈能靠紧零件端面。

为了保证轴上零件紧靠定位面（轴肩），轴肩的圆角半径必须小于相配零件的倒角。

轴向力较小时，零件在轴上的固定可采用弹性挡圈或紧定螺钉。

轴上零件的周向固定，基本上采用键、花键、过盈配合等联接形式。采用键连接时，为加工方便，各轴段的键槽应设计在同一加工直线上，并应尽可能采用同一规格的键槽截面尺寸。

### 4. 改善轴的受力状况，减小应力集中

合理布置轴上的零件可以改善轴的受力状况。零件截面发生突然变化的地方，都会产生应力集中的现象。因此，对阶梯轴来说，在截面尺寸变化的地

方,应采用圆角过渡,圆角半径不宜过小,并尽量避免在轴上开横孔、切口或凹槽。必须开横孔时,孔边要倒圆。在重要的结构中,还要设计卸载槽。

绘制零件图时,大家需要标注公差、粗糙度、精度等级等,具体可参考零件设计手册。

### 3.1.1.3　螺杆

在机械竞赛中,如果要改变传递运动的形式,比如需要从旋转运动改变为执行机构的直线运动,那么采用螺旋传动是一种不错的选择。

螺旋传动主要用来把回转运动变为直线运动,它是利用螺杆和螺母组成的螺旋副来实现传递运动的。根据螺杆和螺母的相对运动关系,螺旋传动的运动形式主要有两种:一是螺杆转动,螺母移动,多用于进给机构中;一是螺母固定,螺杆转动并移动,可用于机械手臂、夹持机构等。

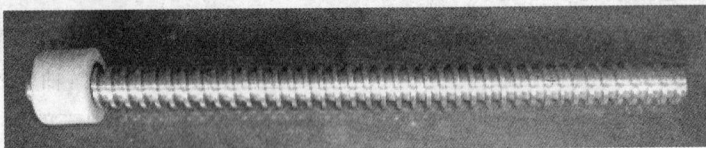

图 3-4　铝制丝杆与聚四氟乙烯螺母

螺旋传动的结构主要是指螺杆、螺母的固定和支承的结构形式。螺旋传动的工作刚度与精度等和支承结构有着直接的关系。当螺杆短而粗且垂直布置时,可以利用螺母本身作为支承。当螺杆细长且水平布置时,应在螺杆两端或中间附加支承,以提高螺杆的工作刚度。对于轴向尺寸较大的螺杆,应采用对接的组合结构代替整体结构,以减少制造工艺上的困难。

螺旋传动常采用的螺纹类型有矩形、梯形和锯齿形,其中以梯形和锯齿形应用最广。螺杆一般为右旋。传力螺旋和调整螺旋要求自锁时,应采用单线螺纹;对于传导螺旋,为了提高其传动效率及直线运动速度,可以采用多线螺纹。

螺杆材料要有足够的强度和耐磨性;螺母材料除要有足够的强度外,还要求其在与螺杆材料配合时,摩擦系数尽可能地小。

设计重要部位的螺旋传动时,必须进行如下计算(具体参见相关资料)。

① 耐磨性的计算;② 螺杆强度计算;③ 螺母螺纹牙的强度计算;④ 螺杆的稳定性计算。

建议大家直接购买丝杆及螺母。要求较高的场合可以采用滚珠丝杠。受力不大时,可采用铝制螺杆,可大大缩短加工时间。

### 3.1.1.4　凸轮

凸轮分为盘形凸轮、圆柱凸轮、移动凸轮等。在机械设计大赛中,盘形凸轮和圆柱凸轮使用较多。

材料:硬铝、钢、塑料、尼龙等。

加工方法:线切割、数控铣削等。

也可直接到机电市场定做或购买成品。

### 3.1.1.5　轴承座

轴承座是用来安装轴承的,一般参赛作品中都会用到轴承座。同学们在设计轴承座时,一定要注意轴承座孔与相应轴承的配合要求,在满足强度的条件下,为了节约材料,尽量将其设计得轻巧一些;同时,考虑到空间尺寸,还要注意轴承座的安装方式。

材料:硬铝、钢、塑料、尼龙。

加工方式:对小的轴承座,可直接对较大直径的铝棒进行车削、铣削而得到。

也可到机电市场购买,下图为在机电市场直接购买的产品。

图 3-5　轴承座

### 3.1.1.6　套筒

套筒的主要作用是对轴上的零件进行轴向定位。用钢管直接在车床上加工,可大大节省时间和成本。

材料:钢、铝、尼龙棒等均可。

加工方式:车削。最好直接对钢管、铝管进行二次加工,速度会提高很多。图 3-6 为学生设计加工的各种套筒。

### 3.1.1.7　支架

支架是用来支承轴的。同学们可根据作品的大小、空间尺寸自行设计。

图 3-6　套筒

考虑到强度和美观，一般设计成图 3-7 形式，也可到机电市场直接购买。注意支架有型号大小，要根据轴的直径来购买相配的支架。若无该型号的支架，可自行设计和加工。

图 3-7　支架

材料：一般可选 45 号钢、硬铝，或尼龙等。

加工方式：类似加工轴承座。

### 3.1.1.8　车轮

一般作品都安装有轮子，尤其是机器人竞赛时，轮子经常起到举足轻重的作用。车轮可直接购买，也可使用从玩具车上拆卸下来的轮子，还可以在机电市场上购买家具、各种机械设备的轮子进行二次加工。

材料：钢、铝、尼龙棒等。

加工方式：车削。也可直接采用同步带轮或万向轮作为车轮，如图 3-8 所示。

图 3-8　万向轮

## 3.1.2　标准件的选用

### 3.1.2.1　螺纹连接

螺纹连接包括螺栓、螺钉、紧钉螺钉、双头螺柱等。由于已经标准化，大家可根据需要直接购买，型号可查阅《机械设计手册》，此处不再赘述。

### 3.1.2.2　滚动轴承

与滑动轴承相比，滚动轴承具有摩擦阻力小，启动灵敏、效率高、润滑简便和易于互换等优点，所以获得了广泛应用。它的缺点是抗冲击能力较差，高速时出现噪声，工作寿命也不及液体摩擦的滑动轴承。

图 3-9　滚动轴承

滚动轴承已经标准化，同学们只要会正确选用即可，确定好型号与尺寸后可直接去机电市场购买。

使用滚动轴承时，应注意如下事项：① 轴承的润滑；② 密封；③ 固定；④ 预紧；⑤ 配合；⑥ 装拆。具体可参考相关资料，此处不再赘述。

### 3.1.2.3　键

键主要用来实现轴与轴上零件之间的周向固定以传递转矩。键是标准件,分为平键、半圆键、楔键、切向键、花键等。由于键是标准件,无需自己设计、加工,同学们只需查阅《机械设计手册》上的相关标准,直接到机电市场购买即可。

### 3.1.2.4　联轴器和离合器

联轴器和离合器主要用于轴与轴之间的连接,使它们一起回转并传递转矩。用联轴器连接的两根轴,只有在机器停机后,经过拆卸才能把它们分离。用离合器联接的两根轴,在机器工作状况下就能很方便地使它们分离或结合。

联轴器和离合器大都已标准化,同学们可先依据工作条件选定合适的类型,然后根据计算转矩、轴的转速和轴端直径,从标准中选择所需的型号和尺寸,必要时还应对其中某些零件进行验算。具体参考机械设计手册。

也可以根据实际情况自己设计联轴器。当转速、精度都不高时,可用钢棒、铝棒车削,此时通常为刚性联轴器。

### 3.1.2.5　弹簧

弹簧是一种弹性元件,它可以在载荷作用下产生较大的弹性变形。弹簧的应用十分广泛,主要用于:控制机构的运动、减振和缓冲、储存及输出能量。

按照弹簧所承受载荷的不同,弹簧可以分为拉伸弹簧、压缩弹簧、扭转弹簧和弯曲弹簧4种。根据弹簧的形状不同,又可分为螺旋弹簧、环形弹簧、碟形弹簧、板簧和涡卷弹簧等。

同学们在机械设计竞赛中所用到的弹簧,机电市场均可购买。购买时,注意弹簧的几个参数。

### 3.1.2.6　同步带及同步带轮

同步带(同步齿形带)是以钢丝为抗拉体,外面包裹聚氨酯或橡胶而组成,它的横截面为矩形、表面具有等距横向齿的环形传动带。带轮轮面也制成相应的齿形,工作时靠带齿与轮齿啮合传动。由于带与带轮无相对滑动,能保持两轮的圆周速度同步。它具有以下优点:承载能力大、强度高、速度高、精度高。由于双面同步带摩擦力大,还可直接用来爬楼梯。

除了作为常用的动力传动装置,同步带轮还可以直接作为行走机构的车轮;同步带与同步带轮配合可以作为行走机构中的履带。

同步带、同步带轮在机械设计大赛中使用频率很高,具体型号可在机械设计手册上查到。同学们可以直接到机电市场购买,也可根据作品需要向专门的生产厂家定购。

图 3-10　同步带轮、同步带

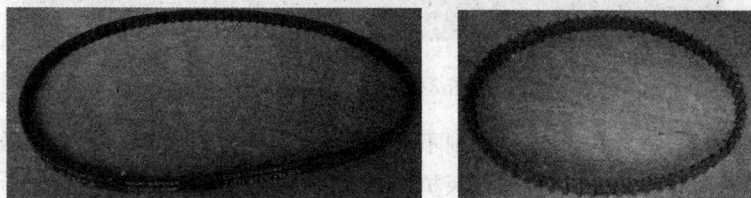

图 3-11　单面同步带和双面同步带

## 3.1.3　其他零部件

### 3.1.3.1　滑动轴承

滑动轴承有各种型号,同学们可直接到机电市场购买,相比滚动轴承,购买滑动轴承,省略了设计轴承座。但滑动轴承价格较高,维护不便。

### 3.1.3.2　直线轴承

直线轴承与光杠(光轴)配合,可作为滑块使用,能承受一定的载荷,可到机电市场直接购买。

### 3.1.3.3　滚珠丝杠

滚珠丝杠的螺旋和螺母之间设有封闭循环的滚道,滚道间充以钢珠,使螺旋面的摩擦成为滚动摩擦。滚动螺旋的主要特点:① 摩擦损失小,效率在90%以上,大大高于普通丝杠;② 磨损很小,还可以用调整方法消除间隙并产生一定的预变形来增加刚度,因此其传动精度很高;③ 不具有自锁性,可以改直线运动为旋转运动,其效率也可达 80% 以上。

注意事项:在安装和使用时,要防止螺母脱离丝杠表面,因为螺母一旦脱

图 3-12　直线轴承

离,滚珠将散落,此时滚珠丝杠副不能正常工作,严重时会引起设备事故,因此必须配置防止螺母脱出的超程保护装置,尤其是在高速运转的场合。

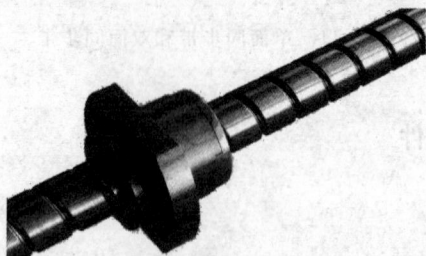

图 3-13　滚珠丝杠

① 在安装滚珠丝杠副时,两端支承座孔与螺母座孔要调整到"三点同心"的最佳状态,不允许在不同心的状态下强迫安装。

② 由于滚珠丝杠副的传动效率在 90％以上,不能自锁,在需要自锁的场合,必须在丝杠轴上配置相应的自锁装置。

③ 为了使滚珠丝杠副运转灵活,延长使用寿命,必须有良好的润滑条件。

④ 除滚珠丝杠副本身需要防尘圈外,外露的丝杠轴上也应安装防护装置,以免灰尘,杂物进入丝杠副。

⑤ 当必须将螺母脱出时,可在丝杠轴径上安装一个辅助套筒,其外径略小于丝杠螺纹滚道的小径,以便在旋出螺母时,滚珠不会散落。

滚动螺旋的缺点是:① 结构复杂,制造困难;② 有些机构中为防止逆转需另加自锁机构。

　　同学们可直接到机电市场购买滚珠丝杆,但其价格比普通丝杠高出数倍。而且普通丝杠可以自己设计、加工,滚珠丝杠一般只能定做或外购。

### 3.1.3.4　带轮和链轮

　　链传动和带传动可参考相关资料,在此不再赘述。因学生竞赛的作品相对尺寸较小,一般较少采用三角带,而使用同步带的较多。对于链传动来说,首先要选择适当的节距,这是最重要的参数。链条的长度可根据实际情况截短,若购买不到合适的链轮,采用线切割加工链轮也是一种不错的方式。带传动与链传动的设计标准可查阅《机械设计手册》,同学们最好直接到机电市场购买带轮和链轮,也可以自行设计加工。

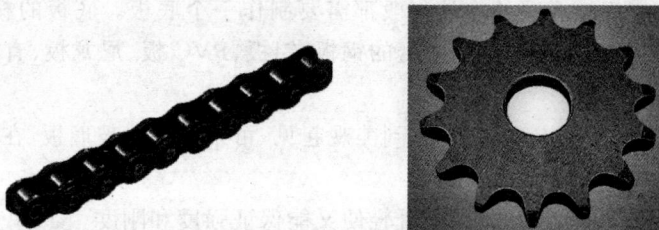

图 3-14　链条和链轮

### 3.1.3.5　导轨

　　可以自己设计加工导轨,但建议大家直接外构。机电市场上有各种各样的导轨,如机床专用导轨、精密仪表导轨等,不过这些精密导轨的价格非常高。若作品的精度一般,建议大家直接购买滑块(直线轴承)与光杠,组合而成导轨,这样价格会降低很多。

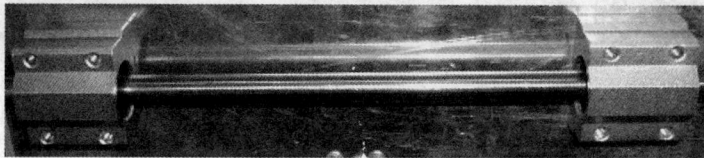

图 3-15　导轨

### 3.1.3.6　合页

　　合页可以连接两个具有相对转动的零部件。竞赛中经常会用到合页,大家可自己加工制作。由于价格便宜,且考虑到强度和美观,同学们可直接到机电市场或装修市场上购买（一般为钢制材料），当有特殊需要时（如外观、尺寸），才自己加工。

图 3-16　合页

### 3.1.3.7　底板

机器人或机械竞赛的作品一般都需要制作一个底板。底板的材料，根据承受载荷的不同，可选取不同厚度的钢板、铝板、PVC 板、尼龙板、有机玻璃板等。

若强度、刚度要求不高，考虑到美观起见，可采用有机玻璃板，在激光雕刻机上加工。

采用金属薄板折边的方法，既轻便又能保证强度和刚度。

### 3.1.3.8　机架

机架通常用角铝连接、角钢焊接（或螺纹连接）而成，也可选用槽钢、工字钢等，其型号及截面形状可查阅机械零件手册。为了增加强度，加强筋是必要的。若经济上允许，同学们可采用铝型材搭建机架，既美观，又节省了时间。

图 3-17　角铝、角钢、铝型材

# 3.2　机械加工基本知识

## 3.2.1　概述

在机械竞赛的制作过程中,除了外购,还需自己动手加工一些零部件。手工制作零部件以及在装配、调试过程中离不开钳工操作。钳工是以手工操作为主,手持工具对工件进行加工的方法。与机械加工相比,它的劳动强度大,生产效率低,但可以完成机械加工不便加工或难以完成的工作。钳工常用的设备有钳工工作台、砂轮机、台虎钳等。其主要特点是:工具简单,加工灵活,方便,能够加工形状复杂,质量要求较高的零件。

机械设计大赛中常用的钳工操作包括划线、锯削、锉削、钻孔、攻丝、套丝、装配等。本节分别对这些加工方法做一简要的介绍。

## 3.2.2　划线

划线:根据设计或图纸要求,在坯料或工件表面上划出加工界限的一种操作称为划线。划线用来表示加工余量、加工位置等,通过划线使加工余量合理分配,作为加工或安装工件时的依据。根据工件的形状不同,划线可分为平面划线和立体划线两种。平面划线是在工件的一个表面上划线;立体划线则是在工件的几个表面上划线,即在长、宽、高三个方向或其他倾斜方向上划线。划线是整个设计中不可缺少的重要环节,它直接关系到零件质量的好坏。划线时要求线条清晰、尺寸准确,划线错误将使零件报废。由于划出的线条有一定的宽度,划线误差大约为 0.25～0.5mm。因此,一般不能以划线作为确定最终尺寸的依据,而要在加工过程中,通过测量来控制尺寸精度。常用的划线工具包括以下几种:

**1. 基准工具**

划线的基准工具是划线平板或平台。平台上的上平面为划线时的基准平面。平台或平板要求水平安装牢固,上平面不允许碰撞或锤击,并保持清洁。

### 2. 支承工具

① 方箱。由铸铁制成的空心立方体,其各面都经过精加工,相邻平面互相垂直,相对平面互相平行。依靠夹紧装置把工件固定在方箱上,翻转方箱便可划出工件上互相垂直的线。方箱用于夹持尺寸较小、而加工面较多的工件。

② 千斤顶。当工件较大时,可用千斤顶在平板上支承,千斤顶通常3个作一组使用,它的高度可调。

③ V形铁。其相邻两边相互垂直,V形槽呈90°,用来支承圆柱形工件,使工作轴线与平板平行。若零件较长,可将工件架在两个等高的V形铁上。以保证工件轴线与划线基准面平行。

 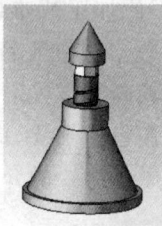 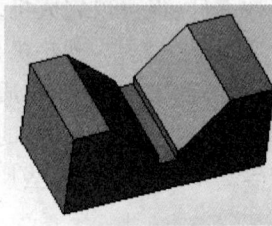

方箱　　　　　　　　千斤顶　　　　　　　　V形铁

### 3. 划线工具

① 样冲。样冲是打样冲眼的工具,以防万一先前所划的线在加工过程中被抹去后,仍能找到原线的位置。

② 划卡。用来确定轴和孔的中心位置的工具。

③ 划针。用来在工作表面上划线的工具。

④ 划规。主要用于划圆、量取尺寸和等分线段等。

⑤ 划针盘。是立体划线和校正工件时常用的工具。调节划针到一定的高度,并在平板上移动划针盘,即可在工件上划出与平板平行的线。

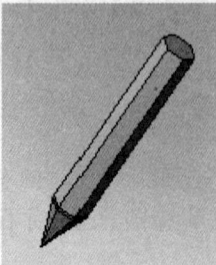  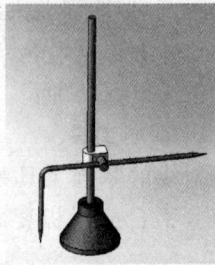

样冲　　　　　　　　划规　　　　　　　　划针盘

⑥ 高度游标尺。是由高度尺和划针盘组合而成的精密工具。高度游标尺既可测量高度,又可用于半成品的精密划线。

为了确定工件上的点、线、面的位置,必须选择一些点、线、面作为依据。零件上用来确定点、线、面位置的依据叫做基准,划线时选择的基准称划线基准。

选择划线基准的原则(具体可参考各类机械制造教材):

① 选择工件的设计基准作为划线基准;

② 若毛坯上有重要的孔,则以此孔轴线作为划线基准;若没有重要孔,则应选择较大的平面作为划线基准;

③ 若工件上有已经加工过的平面,则应以此面作为划线基准。

上述基准工具、支承工具、划线工具均为常用工具,学校的金工实习基地或工程训练中心均有配套。

## 3.2.3　锉削

用锉刀从工件表面锉掉多余金属的加工称为锉削。锉削可以消除毛刺、提高工件的尺寸精度和减小表面粗糙度。锉削是钳工最基本的操作方法,应用广泛,可以锉削平面、曲面、沟槽、内外圆弧面和各种形状复杂的表面等。

锉刀按其长度可分为 100mm、150mm、400mm 等 7 种。锉刀按其截面形状可分为平锉、半圆锉、方锉、三角锉、圆锉等。同学们应按照零件的形状来选择锉刀。

锉刀按每 10mm 长度内锉刀面上的锉齿数,可分为粗齿锉(粗加工或锉软金属),中齿锉,细齿锉(用于锉光表面和锉削硬度较大的金属)和油光锉(精加工时修光表面)。同学们在操作过程中,可能会用到以下几种锉削方法:

图 3-18　锉刀

**1. 平面锉削方法**

① 直锉法:沿工件表面较窄的方向进行锉削,锉刀的切削运动是单方向的,锉刀每次退回时,横向移动 5～10mm。

② 推锉法:锉刀切削运动方向与工件加工表面的长度方向垂直。用两手握住锉刀,拇指抵住锉刀侧面,沿工件表面平稳地推拉锉刀,以得到平整、光洁的表面。这种锉削方法是在工件表面已经锉平、余量很小的情况下,修光工件表面用的,它适合于锉削较窄的平面。

③ 顺向锉法:沿加工表面较长的方向锉削,一般用于交叉锉后对平面进一步锉光。

④ 交叉锉法:锉刀的切削运动方向与工件夹持方向约成 30～40°,并且锉纹交叉。因锉刀与工件接触面大,所以容易获得精确平面,适合锉削余量较大的工件。

**2. (曲面)圆弧面的锉削**

① 外圆弧面的锉削。锉削外圆弧面时,锉刀既向前推进,又绕圆弧面中心摆动,常用的锉削方法有滚锉法和横锉法两种,前者适用于精锉,后者适用于粗锉。

② 内圆弧面的锉削:锉削内圆弧面时,锉刀既向前推进,又要左右移动,还要绕自身转动,否则效果不好。

### 3.2.4　锯削

锯削是用手锯锯断材料或在工件表面锯出沟槽的操作。包括钢、铝、塑料、尼龙等材料,都可以进行锯削操作。

**1. 锯削工具**

锯削工具由锯弓和锯条两部分构成。

①锯弓。锯弓用来安装和张紧锯条。普通锯弓分为可调式和固定式两种。可调式锯弓的长度可以调整,能安装不同规格的锯条,而且固定部位便于握持与施力。

②锯条。锯条用碳素工具钢制成,并经淬火处理。锯条规格用其两端安装孔间的距离来表示。常用锯条长 300mm、宽 12mm、厚 0.8mm。

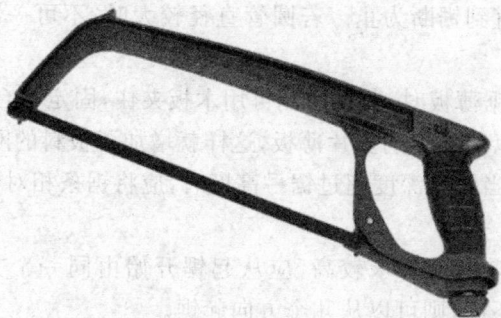

图 3-19　锯弓和锯条

**2. 锯条的种类**

锯条按锯齿齿距的大小,可分为粗齿、中齿、细齿:① 粗齿,每 25mm 长度内含齿数目为 14～16,用来锯铜、铝等金属及厚工件;② 中齿,每 25mm 长度内含齿数目为 18～24,用来加工普通钢、铸铁及中等厚度的工件;③ 细齿,每 25mm 长度内含齿数目为 26～32,用来锯削较硬的钢板材料及薄壁管子。

**3. 锯条的选择**

同学们在加工时,要正确选择锯条:锯削较软材料及厚工件时,应选择粗齿锯条,因粗齿锯条齿距较大,锯屑不易堵塞齿间;当锯硬材料或薄工件时,一般选用细齿锯条,这样使同时参加锯削的齿数多,锯齿不容易崩裂。

**4. 锯削方法**

锯削时应注意起锯、锯削压力和往返长度。起锯时,锯条应与工件表面倾斜一个起锯角(15～20°),起锯角不能太大,否则会崩齿。为防锯条滑动,可用左手拇指靠住锯条,锯弓作往复运动,左手施压,右手推进,用力要均匀;返回时,锯条轻轻滑过加工面,速度不宜太快。锯削开始与终了时压力和速度均应减少。锯条长度应全部被利用,即往返长度不小于全长的 2/3,以免局部过早磨损。锯缝如歪斜,不可强扭,应将工件翻转 90°,重新起锯。

**5. 锯削的注意事项**

① 锯扁钢。为了得到整齐的锯缝,锯扁钢时应从扁钢较宽的面下锯,以保证锯缝浅而整齐,锯条不致卡住;

② 锯型钢。角钢与槽钢的锯法与锯扁钢基本相同,但应该不断改变夹持工件的位置。角钢从两面来锯,槽钢从三面来锯。

③ 锯圆管。锯圆管时,把圆管水平地夹在台虎钳里,当锯到管子的内壁时,要把圆管向推锯的方向转过一定角度,再使锯条沿原锯缝继续锯削,这样

不断旋转、锯削，直到锯断为止。若圆管直径较大时，不可一次单向由上而下锯断。

④ 锯薄板。锯薄板时，薄板两侧可用木板夹住，固定在台虎钳上，以防振动和变形。还可以同时锯削多片薄板，这样就增加了板料的刚性。

⑤ 锯深缝。当锯缝深度超过锯弓高度时，应将锯条相对锯弓转过 90°，使锯弓平放。

⑥ 锯圆钢。若断面要求较高，应从起锯开始由同一个方向一直锯到结束。若断面要求不高，则可以从几个方向起锯。

### 3.2.5　钻孔

同学们在装配过程中，经常需要钻孔，攻螺纹之前，也要事先钻好底孔。钻孔可用手枪钻，也可使用台钻。若直接在金属板上钻孔，钻头会向陀螺一样滑动，不能精确地在指定的位置上钻孔。因此，必须先用样冲在指定的位置上打样冲眼（用锤子敲打样冲，得到一个小凹坑），可以避免钻头滑动的现象。注意，一定要用钥匙将钻头固定好，否则会非常危险，造成事故。

钻比较薄的金属板时，金属板可能会产生危险的跳动，可用台虎钳固定金属板并将钻头磨成薄板钻，这样可钻出圆整、光滑的圆孔；给较厚的零件钻孔时，不能用手枪钻，必须在台钻上钻孔。

机电市场出售有各种各样的钻头，典型的一套小功率钻头包括 29 根，大家可以根据实际情况选择购买。根据被加工材料的不同，钻头本身的材质也应有所不同，同学们可以查阅相关资料。根据经验，在设计机械竞赛作品时，3mm～6mm 的钻头使用频率最高。

图 3-20　钻头

### 3.2.6　攻丝

用丝锥加工内螺纹的方法称为攻丝，在机械竞赛过程中，攻丝是必不可少的，可对钢、铜、铝等金属零部件，也可对尼龙、塑料、PVC 等非金属零部件攻丝。

### 1. 攻丝工具

① 丝锥。丝锥是加工内螺纹的标准刀具。其结构简单，使用方便。丝锥又分为机用丝锥和手用丝锥。丝锥由工作部分和柄部组成。柄部用来装铰杠，以传递扭矩。

② 铰杠。是手工攻螺纹时夹持和扳转丝锥的工具。常用的铰杠为可调式，以便夹持各种不同尺寸的丝锥，铰杠的规格要与丝锥的大小相适应，小丝锥不宜用大铰杠，否则易折断丝锥。

同学们可根据自己所需要的型号到机电市场上购买，质量、材料不同的丝锥，价格差别很大。

图 3-21　丝锥

### 2. 攻丝

攻丝前需要钻孔(底孔)。由于攻丝时丝锥的切削刃除对金属有切削作用外，还对工件材料产生挤压作用，使底孔孔壁凸出，如底孔直径过小，将使积压力过大，导致丝锥崩刃、卡死甚至折断。因此，钻孔时，应使钻孔孔径略大于螺纹小径。具体加工时，可结合工件材料的塑性和钻孔时的扩张量，根据经验来选择标准钻头。相对钢制零部件，铝制材料的底孔应更小一些。部分普通螺纹攻丝前，钻底孔用的钻头直径尺寸可从下表中查得(其余尺寸请同学们查阅相关手册)。

攻丝底孔的转头直径(材料：钢材，单位：mm)

| 螺纹公称直径 | 2.0 | 3.0 | 4.0 | 5.0 | 6.0 | 8.0 | 10 | 12 | 14 |
|---|---|---|---|---|---|---|---|---|---|
| 螺距 | 0.4 | 0.5 | 0.7 | 0.8 | 1.0 | 1.25 | 1.5 | 1.75 | 2 |
| 钻头直径 | 1.6 | 2.5 | 3.3 | 4.2 | 5.0 | 6.7 | 8.5 | 10.2 | 11.9 |

攻丝时需要注意的是，将钻好底孔的工件用虎钳固定好，螺孔的端面要基本保持水平。螺纹孔的孔口应该倒角，有利于引入丝锥；通孔的两端都应倒角，倒角处直径可略大于螺孔大径，使丝锥开始切削时容易切入，并可防止孔口螺纹崩裂。

攻丝时两手用力要均匀。当丝锥的切削部分进入工件后，只旋转不施压；

在丝锥攻入 1～2 圈后,应将丝锥反转半圈,以便折断切屑,并将切屑排出。攻丝时如感到很费力,不能强行转动,应将丝锥反向旋转,缓慢退出,待清除切屑后再进行攻丝。

攻不通的孔时,可在丝锥上做好深度记号,防止丝锥触碰到孔底。对钢制零件攻丝时,要加乳化液或机油;对灰铸铁、硬铝零件攻丝时,一般不加润滑油,需要时可加少许的煤油润滑。

### 3.2.7　套丝

用板牙或螺纹切刀加工外螺纹的操作方法称为套丝。套丝和攻丝相同,板牙的切削刃除了起切削作用外,还对工件材料起挤压作用,因此被加工工件的直径要略小于螺纹大径。

同学们可以对钢、铝、尼龙、铜、等材料进行套丝。为使板牙切削部分便于切入工件,以及板牙端面与圆杆轴线保持垂直,圆杆端部应有 15～20° 的锥角。倒角后形成的锥体,其小端直径应比外螺纹小径稍小,以免套丝后螺纹端部产生锋口或卷边,影响使用效果。

图 3-22　板牙

套丝时,先把圆杆夹在虎钳中,保持基本垂直。板牙装在板牙架内,开始套丝时,要使板牙的端面和圆杆中心保持垂直,用手掌按住板牙中心,适当施加压力并转动板牙架。转动板牙要缓慢,切入 1～2 圈后,通过目测检查、校正板牙位置;切入 3～4 圈时,应停止加压,以免损坏螺纹和板牙。板牙每正转 1/2～1 圈时,要倒转半圈左右,以便折断切屑并将其排出。钢件套丝时,最好加冷却润滑液,一般可加机油或乳化液。

以上所提到的加工工具,如台虎钳、样冲、划针、划卡、方箱、划规、高度游标尺、各类锉刀、锯弓、锯条、丝锥、铰杠、板牙等等,均可在机电市场购买,或者同学们所在学校的工程训练中心也可提供。

### 3.2.8　胶接

有些零部件不方便采用螺栓、螺钉(可拆连接)连接时,可采用胶接,相比焊接、铆接而言,胶接更加方便,成本更低,同时,也没有严格的技术要求。

不同材料对应不同的胶粘剂。机械竞赛中常用的胶水有:AB 胶、502、万能胶、强力胶等,甚至鞋胶。不同的胶水,固化时间也不同,大多数胶粘剂只用几分钟甚至几秒钟即可,但有些需要几小时,甚至几天的时间。

固化时间取决于以下几个因素:

① 空气湿度;② 空气温度,温度越高,固化过程越快;③ 被粘结件表面温度;④ 胶粘剂用量,结合处涂抹的胶粘剂越多,固化所需的时间也越长。

一般的胶粘剂都有毒性,对人体有害,请大家注意以下事项:

① 购买及使用之前,请仔细阅读使用说明;② 有的胶水易燃易爆,请不要吸烟;③ 有的胶水会释放有毒有害气体,最好在通风良好的场所使用;④ 及时拧紧瓶盖,防止胶水变干;⑤ 使用完毕,用温水和肥皂洗手。

使用胶枪和胶棒可以完成一般的粘结作用。胶棒放入胶枪中被加热后,变成一种粘稠状态,涂抹在需要进行粘结的表面,如果要粘结金属,请大家选择高温胶棒。

粘结时,被粘结表面必须经过处理,保持清洁干燥,还可用细纱布对表面进行打磨。如果粘结处有胶液漏出,可用抹布或纸巾将其擦除,切勿直接用手,避免烫伤。

## 3.3　常用工具及其使用

在参加机械竞赛的过程中,工具和工具箱是必不可少的。工具箱可以防止工具丢失,每个工具都有相应的位置。大家要养成良好的习惯,避免在寻找工具上花费过多的时间。结束装配工作时,请整理好工具和清理现场卫生,这样做虽然会花费一些时间,但往往会起到事半功倍的效果。

### 3.3.1　螺丝刀

螺丝刀(改锥)分为一字螺丝刀、十字螺丝刀两种类型。每种类型又有多种规格和大小。头部带有磁力的话,用起来会更加方便一些。当螺钉螺母等落入狭小的空间,不能用手取时,头部带有磁力的螺丝刀就显得非常方便了。建议大家购买质量较好的工具,把手上的塑料材质不应该有坚硬的突起,如果把手外面有软的包覆材料(如橡胶),使用起来会更加舒适。各种型号的螺丝刀在机电市场、电子市场等都能买到。

图 3-23　螺丝刀

### 3.3.2　扳手

在机械竞赛的过程中,扳手是一种不可缺少的常用工具。扳手的种类很多,大致分为活扳手、固定扳手、内六角扳手等。

#### 3.3.2.1　活扳手

活动扳手可以拧紧不同尺寸的紧固件,主要用来松紧螺母。活动扳手通常根据把手长度来购买,但扳手钳口张开的大小也是一个重要的参数。购买活动扳手时,一定要优先考虑质量,否则使用时会造成滑脱并产生金属毛刺,还可能损坏紧固件的头部。市场上还有一种具有自动调节功能的活动扳手,但价格较高。

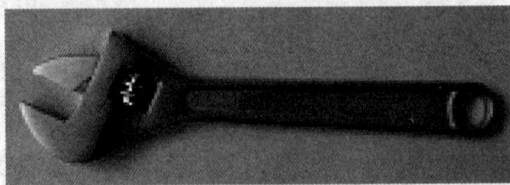

图 3-24　活扳手

#### 3.3.2.2　固定扳手

相对活扳手而言,固定扳手只能对固定尺寸的紧固件进行作业,应用范围小一些。但固定扳手有针对性,使用起来效果更好。同学们在购买时,一定要注意看清是英制还是公制。

### 3.3.2.3　内六角扳手

内六角扳手只能松紧内六角螺母,不同质量的内六角扳手,价格差别很大。质量差的扳手,工作部分常常在短期内就会被磨损和变形。购买时,大家尽可能购买质量较好的工具,还要注意看清是英制还是公制。

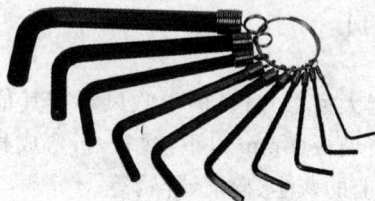

图 3-25　内六角扳手

## 3.3.3　钳子

市面上有各种各样的钳子,但用得最多的,还是老虎钳和尖嘴钳。尽量避免将手钳当扳手使用,这样做会磨损紧固件的头部。若负载较大,可以购买大号的尖嘴钳。若钳口带有锋利的切线口,可以剪断不太硬的导线。注意,不要用它们剪切钢丝绳、板材等,这样会大大降低使用寿命。

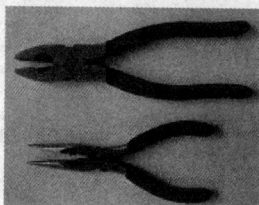

图 3-26　钳子

## 3.3.4　手枪钻

相比台钻而言,手枪钻具有更大的灵活性,可以加工台钻无法装夹的零部件(比如尺寸较大的板料、形状复杂的工件等)。要尽量采用速度可调、能够反转的电钻。一般来说,电钻的卡盘有三个孔,将钥匙插入即可以拧紧钻头。当把钻头安装到卡盘中时,不要仅仅在卡盘的一点拧紧;为了使锁紧更可靠,应使三个孔均拧紧,使得卡盘紧紧地卡住钻头。有些型号的手枪钻无钥匙卡盘,这种电钻用手通过顺时针或逆时针旋转卡盘,来锁紧钻头。为了安全起见,建议同学们使用有配有钥匙孔的手枪钻。

此外,卡盘要锁紧钻头的圆柄部位,不要把钻头插入过深,这样会导致钻头和卡盘损坏。

### 3.3.5  大功率电吹风

电吹风的基本功能大家都知道,但电吹风还有其他用途。大功率的电吹风可以将较薄的有机玻璃板(6mm 以下)吹软,折弯成我们需要的形状。除此之外,还可以清除作品上的灰尘、碎屑、异物等。

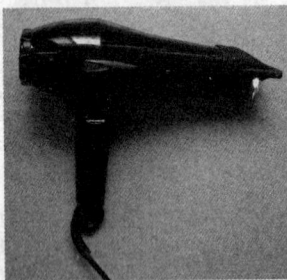

图 3-27  大功率电吹风

### 3.3.6  热熔电焊枪

若需要折弯 PVC 管、各种塑料管等,同学们可以购买热熔电焊枪,具体操作非常简单,大家可参考使用说明书。

图 3-28  热熔电焊枪

### 3.3.7 热熔胶枪

热熔胶枪用来对零部件进行粘接。为确保线路接头处的绝缘，大家可使用热熔胶将其图覆。质量较好的胶枪可以使用不同的喷胶头，胶液通过喷胶头挤出，均匀地涂在需要粘结的部位。

大家可以在五金店购买到不同型号的胶棒。胶棒与胶枪的温度必须匹配，既不能在低温胶枪中使用高温胶棒，也不能在高温胶枪中使用低温胶棒，前者的胶棒无法融化，而后者会导致不必要的过热现象。

图 3-29　热熔胶枪

### 3.3.8 其它

其它工具诸如万用表、电烙铁、剥线钳、示波器、编程器、各种钳工工具等，大家可参考其它相关资料，本书不再赘述。

## 3.4　设计、加工、装配技巧

在参加机械设计大赛的过程中，方案的选择至关重要（参见第五章），一旦确定了设计方案，就要将其付诸实践。其中，大家在掌握基本的设计加工的同时，还要充分发挥想象力，选择最佳方案解决遇到的问题。下面列举一些作者在指导大学生机械设计竞赛过程中积累的经验和技巧。

### 3.4.1　一些设计、加工、装配技巧

实际上,同学们在机械设计大赛的过程中,会遇到各种各样的问题,而解决问题的过程,就是提高自己的过程。任何问题都有很多解决办法,我们应选择那些最好的方案,这样才能使我们真正得到提高。因篇幅有限,此处只举两个例子,希望对大家有所启发和帮助。

**1. 深海探宝车**

下图为学生获奖作品:深海探宝车。探宝车包括齿轮齿条传动、螺旋传动、齿轮机构、凸轮机构等。该作品能够完成上下楼梯、抓取圆环并将其放置在指定木桩上等功能(题目要求参见附录1)。

① 探宝车上下楼梯采用螺旋机构以及横向移动机构;

② 机械手采用凸轮机构与弹簧的组合;

③ 手臂的伸缩采用齿轮齿条机构;

④ 机械手的上下运动采用螺旋机构。

图 3-30　海底探宝车

为了实现车身相对腿部做水平方向的运动,设计了导轨结构;为了减轻摩擦,在车架内放置滚珠,滚珠在 V 型槽内滚动,将滑动摩擦改为滚动摩擦,使车身能够在水平方向上进退自如。同时,在车架上打锥形孔,将滚珠放入锥形孔内,内置弹簧,弹簧被螺钉压紧,利用弹簧的弹力保证滚珠与 V 形槽充分接触;调节螺钉的旋入深度,即可调节导轨(齿条)的移动速度、刚性以及平稳性。横向移动机构如图 3-31 所示。

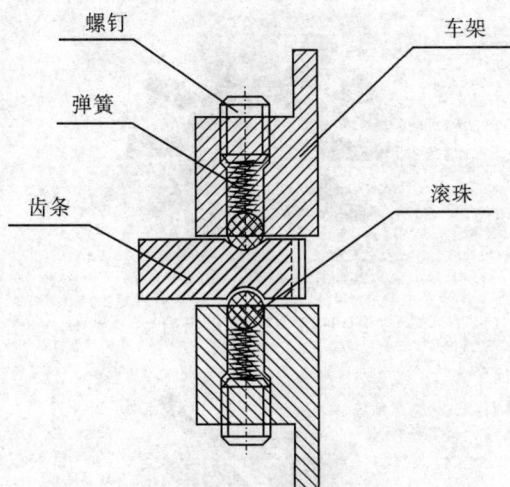

图 3-1　横向移动机构

## 2. 灯笼花刀架的设计

设计一个灯笼花刀架,如图 3-34 所示,两个花刀架中间安装有 12 把刀片。由于花刀架有 12 个安装刀片的连接件,每个连接件之间只有很小的空间,且每个连接件上面需要钻孔,用于安装刀片。显然,这样的一个零件是无法加工的。

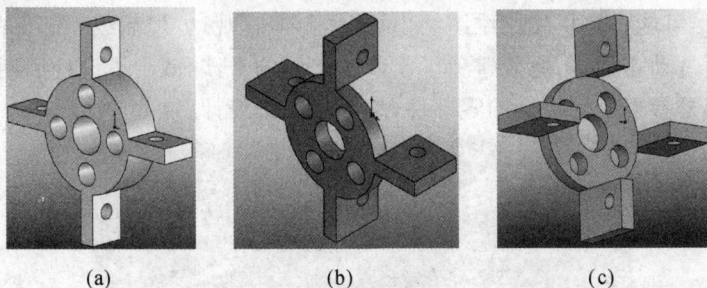

(a)　　　　　　　　(b)　　　　　　　　(c)

图 3-32　三联套

为此,设计一个三联套的结构,先分别加工三个零件,如图 3-32 所示。三联套零件分别用线切割加工,线切割后再进行钻孔,然后将三个零件组合连接,成为图 3-33 所示的部件。

最后,将两个三联套组合、12 把刀片、24 个刀片支撑杆、正反旋丝杆组成如图 3-34 所示的灯笼花刀架。花刀架与直流电机相连,实现对目标的切割。

图 3-33　三联套组合

图 3-34　灯笼花刀架

### 3. 三维软件的应用

目前流行的三维软件很多,如 solid works、pro/E 等,建议同学们在设计过程中,尽可能将整机用三维图绘出,这样不但直观,方便后续零部件的设计,还可以通过动态仿真,有效避免了零部件之间的干涉,减少了设计后期的工作量。下面是参赛学生设计的零部件,均采用三维设计。

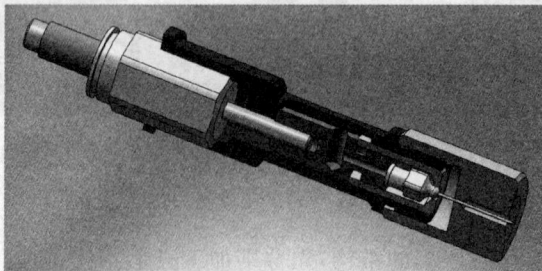

图 3-35　注射器

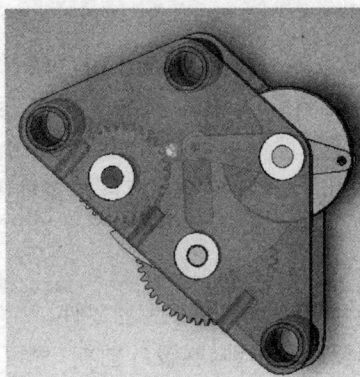

图 3-36　齿轮箱

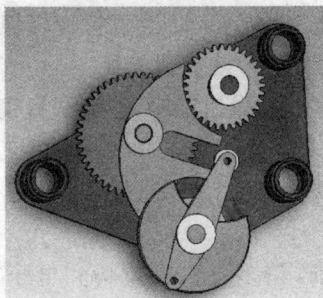

图 3-37　槽轮箱

## 3.4.2　设计心得 100 条

同学们在参加机械设计大赛时,会遇到各种各样的细节问题,有时候小小的加工技巧,可能会帮我们解决大问题。本小节主要介绍作者在指导大学生机械设计竞赛中积累的一些经验,相信会对大家有所帮助。

001. 拆卸螺栓时,请将垫片、螺母拧到相配的螺栓上,以防下次安装时找不到螺母及垫片。

002. 弯曲或卷绕薄壁空心金属管时,可在管内塞满沙子,管子两头塞紧,这样空心管就不会被轻易折断或者挤扁。

003. 某些复杂零件可采用激光雕刻。雕刻机可雕刻有机玻璃板、PVC板等形状复杂的平面图形,且速度快、精度较高、外形美观。

004. 为了减轻重量或加工方便等而不便采用金属材料时,可用尼龙棒制作车轮、滑块、底板、滑轮等。

005. 塑料王(聚四氟乙烯)具有自润滑作用,可制作成丝杠螺母,与铝制、钢制的丝杠相配合,达到自润滑作用,且摩擦系数小,运行平稳。

006. 某些不规则金属零件可采用线切割的加工方式。

007. 采用激光雕刻的方法,有机玻璃板可作多种零部件的材料,如外壳、底版、车轮、连杆、齿轮等。

008. 不要在斜面上钻孔。

009. 避免直接焊接两个壁厚相差很大的零件。

010. 零部件之间不要相互干涉,在设计前期,尽可能将装配图草图画好,最好能生成三维立体图,可以清楚地看到零部件之间的相互位置关系。

011. 薄铝板的裁剪。可直接使用裁板机裁剪,也可用美工刀(配合直尺)在其上用力划一刻痕,在铝板的另一面沿着折痕轻轻反复折弯,即可裁开,且裁口整齐。注意不要用锯或剪刀裁剪薄铝板。

012. 同学们在装配尤其在做钳工时,配带护目镜,可保护眼睛,防止受到飞溅碎屑的伤害。

013. 要用刷子清理铁屑,不能用手直接清除,更不能用嘴吹,以免割伤手指或者屑末飞入眼睛。

014. 在确定方案之前,请多去机电市场和电子市场。市场有各种零部件,可以启发同学们的思路,节省设计时间。

015. 装配调试时,要防止连线缠住车轮。由于全神贯注地操作机器,经常会发生连线缠住车轮的情况。

016. 整机运行前,检查螺丝等连接件是否松动。

017. 对零部件或外壳喷漆时请注意,一般油漆都有毒,对人体有害。最好在通风处或者在室外喷涂。

018. 给有机玻璃板喷漆制作图案时,可先使用美工纸,在电脑上设计好图形,裁剪好后贴在有机板上,最后进行喷涂。油漆风干后,将美工纸轻轻揭离,即可生成预期的图案。

019. 钢板生锈后,可用砂纸打磨,或用砂轮机打磨。打磨完毕后涂油,防止再次生锈。

020. 粘接有机玻璃板,可用"压克力"粘接剂。尽量不要使用玻璃胶:既不美观,又不牢靠。

021. 机械竞赛时经常会粘结一些塑料制品,塑料制品有二类,一类是聚氯乙烯,这类较硬较脆,另一类是聚乙烯,产品较软。要根据具体材料选择粘结剂,不能一概而论。

022. 对电炉丝通 24V 交流电,可将电炉丝上的尼龙绳等熔断,可采用类似的方法使目标脱离,到达指定位置。

023. 悬臂安装传动件(齿轮、带轮、链轮等)的轴弯曲变形较大,应尽量避免或减小悬臂伸出的长度。

024. 尽量使得支撑点与受力点一致,即受力点在支撑点的上方。

025. 摩擦传力的结构在振动载荷下容易松脱,宜采用靠零件形状传力的结构。

026. 对大功率传动,利用分流可以减小体积。例如,将普通轮系改为行星轮系,依靠多个行星轮传动,可以减小体积。

027. 细长轴受力后变形较大,可以通过改变轴的截面尺寸和形状提高其抗弯能力,角钢等的型号可以查阅机械设计手册。

028. 受变应力的零件表面要避免划痕。

029. 作品采用钢丝绳时,要避免钢丝绳弯曲次数过多,特别注意不能反复弯曲。钢丝绳经过滑轮的次数越多,其弯曲次数越多,寿命会大大降低。

030. 避免相同材料组成滑动摩擦副,当相互摩擦表面由同一材料制成时,容易磨损可采用钢—聚四氟乙烯、钢—青铜等。

031. 高温环境忌用橡胶、塑料等,否则会引起材料的变质和老化。

032. 对较长的机械零部件,要考虑因温度变化产生尺寸变化时,能自由变形。

033. 高速转子必须进行平衡,避免振动、噪声甚至安全问题。

034. 螺纹孔不应穿通两个焊接件。

035. 高速旋转体的紧固螺栓的头部不要伸出,造成不安全因素。

036. 螺纹孔要避免相交。轴线相交的螺孔碰在一起,会削弱机体的强度和螺钉的连接强度。

037. 保证螺纹连接的安装与拆卸空间。保证螺纹连接在装拆时有足够的空间使螺栓等能顺利地装入或取出。

038. 不要将金属接触线路板,以防短路。

039. 为了确定零部件的位置,常用两个定位销定位,两定位销之间的距离应尽可能远。

040. 定位销要垂直于结合面。若不垂直,销钉的位置很难保证精确,定位效果较差。

041. 两轴对接粘结时,应加套管或内部附加连接柱。

042. 同一根轴上使用两个半圆键时,应在轴向同一母线上。若两个半圆键布置在同一剖面内,对轴的强度削弱严重。

043. 键槽不要开在零件的薄弱部位。

044. 钩头楔键不宜用于高速。钩头楔键使轴上零件对轴产生偏心,高速零件离心力较大,产生振动。外伸钩头容易引起安全事故。

045. 平键加紧钉螺钉引起轴上零件偏心。用平键连接的轴上零件,当要求固定其轴向位置时,需加附加的轴向固定装置。若安装一紧钉螺钉,顶在平键上面,虽可以固定其轴向位置,但使轴上零件产生偏心。

046. 盲孔中装入过盈配合的轴时,应考虑排出空气。在盲孔中装入过盈配合轴,如果孔内部形成封闭空间,则使安装困难,拔出轴时,由于内部成真空,很难拔出。因此必须设置通气孔。

047. 设计有蜗杆蜗轮传动时,冷却用的风扇应装在蜗杆上。

048. 避免弹性挡圈承受轴向力。若倾斜安装弹性挡圈,在轻微的轴向力的反复作用下,容易脱落。

049. 螺旋压缩弹簧受最大工作载荷时应有一定余量。否则,在最大载荷下,弹簧各丝并拢,失去弹性,无法工作。

050. 防止较长弹簧失稳,可设计弹簧导套。

051. 卷绕钢丝绳的滑轮直径不能太小。钢丝绳绕过滑轮时,由于钢绳弯曲产生较大的弯曲应力,要保证滑轮直径与钢丝绳直径的比值不得小于设计规定的值,否则会降低钢丝绳的寿命。

052. 设计时,注意要有足够的扳手空间。扳手空间不够,不能拧紧、拆卸螺母。

053. 电气设备中不要采用铝制垫片等,拧紧螺母时,铝制元件容易落下屑末,导致电气系统短路。

054. 带宽较大时,不宜采用悬臂安装。轴端弯曲变形较大,带轮歪斜,沿带宽受力不均,应改为简支支承。

055. 将旋转运动转化为直线移动的机构或传动很多,但对于慢速移动的机构,优先采用螺旋传动,齿轮齿条传动适合于较快速的直线移动。

056. 购买角钢时注意,有些型号的角钢材质很硬,不易钻孔,制作机架时避免选用此类角钢。

057. 避免钻细长的深孔,容易折断钻头。通常采用从外向内直径依次减小的钻孔方法。

058. 不能将较粗轴的轴端钻孔,与较细的轴直接相连。

059. 高速轴的挠性联轴器要尽量接近轴承,否则轴容易产生振动。

060. 尽量避免在旋转轴上车制螺纹。采用螺母紧固的场合,为了防止嵌装件从轴上的安装位置松脱,螺纹的切制应遵循轴的旋转方向有助于旋紧的原则。如果向左旋转则为左旋螺纹;如果向右旋转则为右旋螺纹。但是,对于在驱动一侧装有制动器,反复进行快速减速、快速停止的轴,则旋向同上述相反。

061. 键槽要避开轮毂和轴的薄弱位置。

062. 设计齿轮时,避免发生根切。例如直齿圆柱齿轮不发生根切的最小齿数是 17,初次参加机械竞赛的同学很容易犯此类错误。

063. 在铝制零部件上攻螺纹时,底孔不能太大。

064. 在材质较弱如铝、青铜等零件上攻螺纹时,进入此螺孔的螺栓的旋入部分要足够长。

065. 为了美观或减轻重量,车身底板、框架等最后再打工艺孔,防止部分零部件无法与其正常连接。

066. 胶结零件时,由于大部分胶水有毒副作用,注意在通风处胶结。喷漆、焊接等等操作时,也需要在通风良好的区域内工作。

067. 焊接电路时,调试前用锡焊枪将电路板上的碎屑吸净,防止短路。

068. 松香粉可增大同步带的摩擦力。

069. 自行车的条幅可作小导轨使用。

070. 将自行车内胎贴在车轮上,可增大摩擦力。旧自行车内胎还可制作简单的履带。

071. 需要较为精确定位的装置,可采用间歇运动机构如槽轮机构等,也可通过步进电机直接驱动(但需要编程)。可根据实际情况选择控制方式。

072. 作品中有高速回转运动(如高速电机驱动刀片完成切削动作)时,要加装防护装置,注意安全。

073. 尽量减小回转体的半径。

074. 制作受力不大、精度要求不高的小丝杆时,可用有机棒代替钢、铝等,套丝快速、便捷。

075. 作品中采用绳传动的部件较多时,注意要防止相互缠绕、晃动等。

076. 固定电机的方法有多种,若是小型直流减速电机,可直接将其固定于角钢、角铝上;若要美观且固定牢靠,可车制套筒,将电机固定在套筒内,然后将套筒固定在机架上。

077. 作品的外壳常用机玻璃制作,有机玻璃钻孔时,有一定的技巧,避免用力过大,将有机板钻裂。

078. 直流减速电机的轴端伸出部分若有晃动或黑色油垢,请及时更换或维修。

079. 为了提高机身框架的强度、刚度及稳定性,应适当增加角撑支架,但要注意美观。

080. 对于机电一体化作品,在制作后期布线时,尽可能将正负电源线用不同的颜色区分开,并使用编码管编号。

081. 尽量避免两个较大平面的直接配合。

082. 采用偏心轮代替曲柄,可提高偏心轴的强度和刚度。而且当轴颈位于中部时,还可设计整体式连杆,使结构简化。

083. 设计连杆机构时,可事先在计算机上动态仿真,否则可能误差较大。由于低副中存在间隙,数目较多的低副会引起运动积累误差,因此连杆数目不能太多,否则不能实现精确的运动规律。

084. 有机玻璃是由甲基丙烯酸甲酯聚合而成,聚氯乙烯最好的溶剂是四氢呋喃。有机玻璃的溶剂可用三氯甲烷(氯仿)、二氯乙烷和丙酮,粘合时,可以直接用这些溶剂把塑料或有机玻璃粘合起来,或者把少量的塑料或有机玻璃溶于溶剂中,做成粘合剂,效果更佳。

085. 装配前要备齐零件,并进行清洗和涂抹防护润滑油,去掉零件上的毛刺、锈蚀、切屑、油污及其它脏物。

086. 高速运动构件的外面,不允许有凸出的螺钉头或销钉头等。

087. 重要部位、有冲击、振动部分的紧固螺钉,应采用防松装置,具体可查阅相关书籍。

088. 轴承座、丝杆、齿轮、联轴器等尽量购买,成本低,美观且节省时间。

089. 选择电机,不仅要考虑它的功率、扭矩、电流、电压,还要考虑它的重量、寿命、安装尺寸等。

090. 钻头必须锋利,磨钝的钻头必须更换或者重新将其磨锋利。磨钝的工具加工速度慢,费时费力,产生更多的热量,夹具可能滑脱,给操作者造成严重的伤害。

091. 刚卷尺的钢尺非常锋利,收起卷尺时要小心,不要将手割伤。

092. 给塑料钻孔时,要在塑料下面垫一个木块或者贴一片遮蔽胶带,如果不垫木块或胶带,塑料会发生碎裂。给聚乙烯钻孔时,摩擦热会使聚乙烯材料融化,所以不要一次钻成,可以分成几次,使钻头在空气中冷却后再钻。

093. 电动工具不使用时,要及时拔掉插座。

094. 工作间保持整洁有序,照明良好,确保工作间地板干燥,避免浪费大量的时间寻找工具。

095. 电动机内发生打火现象是很常见的,但是过度打火现象可能说明电动机已经损坏。

096. 推荐采用平电缆布线,由于平电缆中各根导线的颜色不同,容易区分,便于调试和故障处理。

097. 电刷可以使用松节油进行清洁。

098. 用钢板、铝板制作的较大的零件例如底板等,最好能折边,这样会大大提高底板的强度和刚度。折边通常在折板机上操作,不要人工折边,人工折边难度大,且不美观。

099. 喷漆前请将零部件清洗干净,除去铁锈等;请勿在导轨等配合面上喷漆,否则会使移动副等阻力增大,运行不灵活。

100. 车轮可从玩具车上拆卸,也可用家具、设备等的万向轮加工。机电市场有各种各样的万向轮出售,也可直接用同步带轮代替车轮。

101. 为提高效率,钢制零件可在砂轮机上除绣,但要注意戴好护目镜。

102. 设计之前多查阅机械设计手册,尽可能使用标准件。

103. 将机床调至较低转速,可对回转体零件进行抛光,此时可采用锉刀,或在锉刀上包裹砂布。

104. 切割厚钢板和管材时,为提高效率,可使用气焊焊锯。

105. 紧固件上的放松装置(开口销等),拆卸后一般要更换,避免再次使用时断裂造成事故。

106. 焊接电路板一定要备好吸焊枪,调试前,将电路板上的焊锡碎屑清理干净,防止短路。

107. 为了提高工件表面质量,可在锉刀上涂上粉笔灰,或将细砂布垫在锉刀下面推锉。

108. 作品装配完毕后,首先对零件或机构的相互位置、配合间隙、结合松紧进行调整,然后进行全面的精度检验,最后运行,检验运转的灵活性、工作时的升温、密封性、转速、功率等各项性能。

109. 装配平键时,请在键的配合面上涂机油,用铜棒将键轻轻打入槽中,并使键与槽底紧密贴合。

110. 拆卸作品时,对丝杠、长轴等用布包好,并用绳索垂直吊起,防止弯曲变形或碰伤。

111. 切割厚度较大的金属,或者对薄金属进行长而笔直的切割,不要用剪刀或锯,最好采用台剪机来完成。

# 第4章 电控部分

## 4.1 电机的选择

机械竞赛的参赛作品,大多数为机电一体化装置,因此,选择合适的电机,是取得好成绩的关键。

电机的种类很多,在机械设计大赛中,常用的有直流电机、步进电机、舵机(微型伺服马达)等。下面我们分别作一简要的介绍。

图 4-1 各类电动机

### 4.1.1 直流电机

常用的直流电机有 5 伏、12 伏、24 伏等,转速也有多种,同学们可以根据需要选择。直流电机非常容易控制,通过通电、断电、改变正负电压,使得直流电机正转、停止、反转等,以此控制诸如小车的前进、停止、后退等动作。

有的直流电机不带减速箱,这种类型的电机转速非常高,可达几千或上万转,但扭矩很小;通常采用带有减速箱的电机,增加了减速箱的电机,扭矩大大增强。

带行星减速器的直流电机:采用数个行星齿轮同时传递负载,并且合理使用了内啮合齿轮,因此具有结构紧凑、体积小、重量轻、承载能力大、传动比范围大、传动效率高、输入输出轴同心等优点,在各个领域得到广泛的应用。在重要的场合,同学们可以采用行星电机。

根据传传递到功率及性能,直流电机的价格一般从几十元到几百元不等,大家可以根据需要到电子市场、机电市场、或网上购买。

图 4-2　普通直流电动机

## 4.1.2　舵机

在制作作品的过程中,有时候我们需要电机精确转动某个设定的角度。由于直流电机有一定的惯性,断电时会继续转动,不能保证精确的角度或位置,此时就需要采用舵机(微型伺服马达),如图 4-3 所示。

图 4-3　舵机

舵机是一种位置伺服的驱动器,适用于那些需要角度不断变化并可以保持的控制系统。控制信号由接收机的通道进入信号调制芯片,获得直流偏置电压。它内部有一个基准电路，产生周期为 20ms、宽度为 1.5ms 的基准信号，舵机将获得的直流偏置电压与电位器的电压比较，获得电压差输出。电压差的正负输出到电机驱动芯片，决定电机的正反转。当电机转速一定时，通过级联减速齿轮带动电位器旋转，使得电压差为 0，电机停止转动。

舵机可以在微机电系统和航模中作为基本的输出执行机构，它的控制和输出非常简单，且非常容易通过单片机控制。微型的伺服马达（舵机）在无线电业余爱好者的航模活动中应用非常广泛。微型伺服马达主要用作运动方向的控制部件，实际上它是一个可定位的马达。当伺服马达接受到一个位置指令，它就会运动到指定的位置。因此，个人机器人模型中也常用到它作为可控的运动关节（也可被称作自由度）。

微型伺服马达有如下优点：扭矩大、控制简单、装配灵活、相对经济；它的缺点是：精密度较高，超出它承受范围的外力会导致其损坏，不正确的接线方式会对它造成报废。因此，同学们在使用前应先了解伺服马达的工作原理，以免造成不必要的损失。

### 4.1.3　步进电机

步进电机是机电控制中一种常用的执行机构，它的用途是将电脉冲转化为角位移。也就是说，当步进驱动器接收到一个脉冲信号，它就驱动步进电机按设定的方向转动一个固定的角度（即步进角）。通过控制脉冲个数即可以控制角位移量，从而达到准确定位的目的。同时，通过控制脉冲频率来控制电机转动的速度和加速度，从而达到调速的目的。

常见的步进电机分三种：永磁式（PM）、反应式（VR）和混合式（HB）。永磁式步进电机一般为两相，转矩和体积都比较小，步进角一般为 7.5°或 15°；反应式步进电机一般为三相，可实现大转矩输出，步进角一般为 1.5°，但噪声和振动都很大；混合式步进电机是指综合了永磁式和反应式的优点，它又分为两相步进电机和五相步进电机：两相步进角一般为 1.8°，而五相步进角一般为 0.72°。其中混合式步进电机的应用最为广泛。同学们可以根据实际需要来选择。

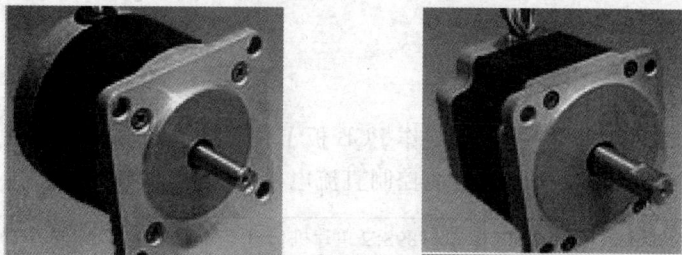

图 4-4　步进电机

## 4.2　一种适用于大学生机械设计竞赛的控制平台

为了方便控制电机,我们设计开发了一种适用于大学生参加机械设计大赛的控制平台,该平台能够很方便地控制直流电机、舵机、步进电机。同时,还可以通过 I/O 接口处理一些输入输出信号。

### 4.2.1　控制板原理图及实物图

下图为一种适用于大学生机械设计竞赛的控制平台,可以控制普通直流电机、舵机、伺服电机等。

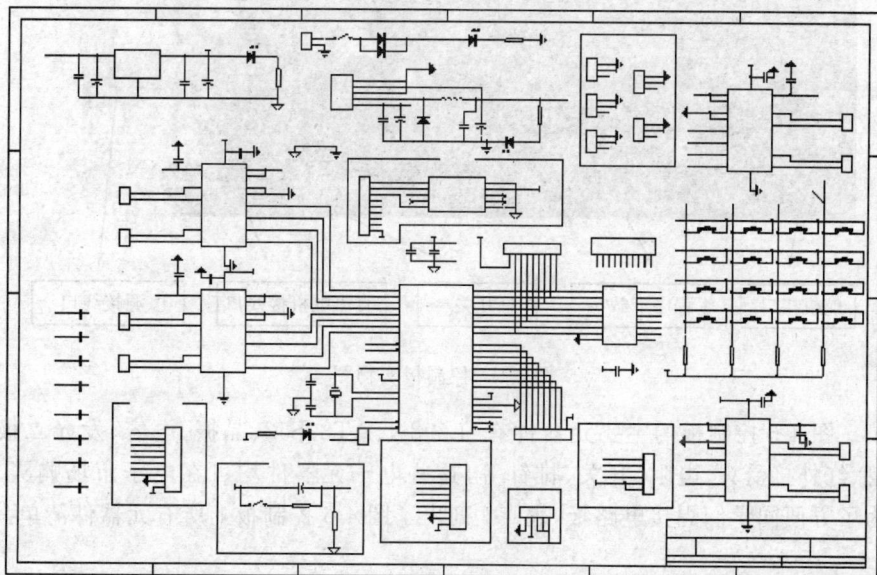

图 4-5　控制原理图

### 4.2.2　控制板实物图。

　　电路图设计完毕后,即可制作 PCB 板了。下图为与图 4-5 控制原理图对应的控制板实物,可以很方便地控制直流电机、舵机、步进电机等。

| 步进电机接口 | L298N | AT89S52 单片机 | 红外接收头 | 复位按键 |
|---|---|---|---|---|

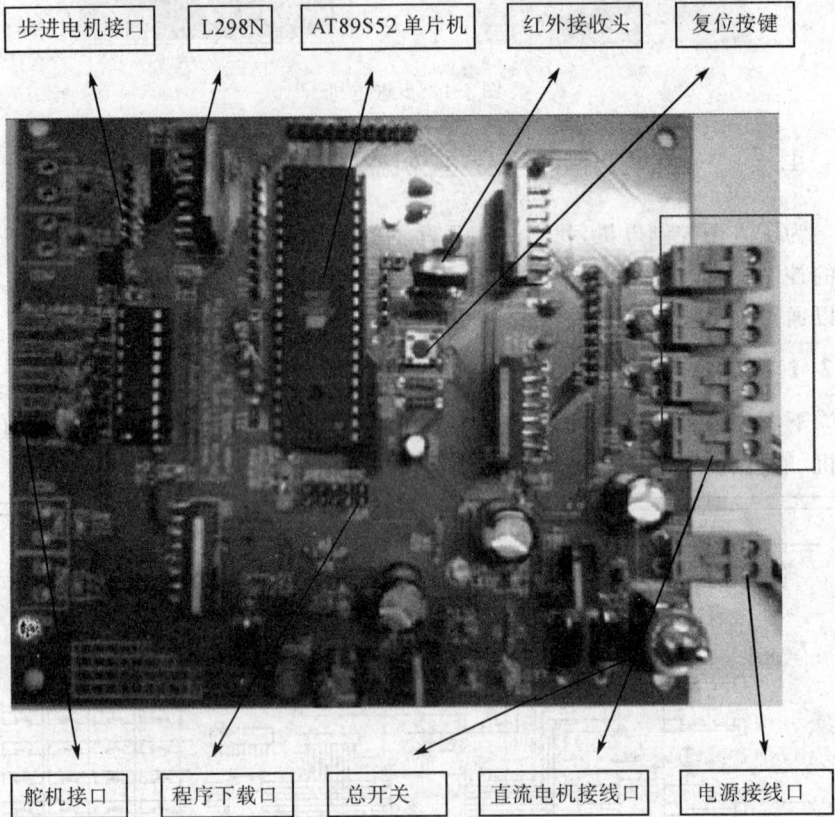

| 舵机接口 | 程序下载口 | 总开关 | 直流电机接线口 | 电源接线口 |
|---|---|---|---|---|

图 4-6　控制板实物图

　　图 4-6 控制板的主要元器件有:L298N、AT89S52、晶振、电容、发光二极管、红外接受头、电阻、开关、排针等,这些电子元器件均可在电子市场购买。为了方便同学们焊接电路板,表 4-1 列出了图 4-6 控制板上所有元器件清单。

表 4-1  元器件清单

| 元件名称 | 数目 | 作　　用 |
|---|---|---|
| 单片机 AT89S52 | 1 | 单片机控制核心 |
| L298N | 4 | 控制电机 |
| 100uf/25V 电容 | 2 | 整流、滤波 |
| 1000uf/25V 电容 | 2 | 整流、滤波 |
| 104 电容 | 25 | 滤波,防止电平不稳 |
| 15pf 电容 | 2 | 辅助晶振起振 |
| 7805 | 1 | 提供 5V 电源 |
| LM2576 | 1 | 提供 5V 电源 |
| 二极管 5822 | 3 | 防止电源反接 |
| 芯片 2803 | 1 | 电平反相 |
| 九脚上拉电阻(1K) | 2 | P0/P2 口电平上拉 |
| LED | 3 | 电源指示灯 |
| 12M 晶振 | 1 | 晶振单片机工作 |
| 单排针 | 1 | 外扩端口使用 |
| 双排针 | 1 | 程序下载线接口使用 |
| 3×3 小按键 | 1 | 复位开关 |
| 100uL 电感 | 1 | 电源泵升 |
| 开关 | 1 | 总电源开关 |
| 电机连接座(2 头) | 9 | 电源连线和连接电机使用 |
| 10uf 电容 | 1 | 整流 |
| 10k 电阻 | 2 | 限流 |
| 1k 电阻 | 1 | 限流 |
| 红外头(HS0038) | 1 | 远程无线红外控制 |

## 4.3　机械竞赛中对常用电机的控制

图示 4-6 的控制板设计完毕后,就可以编程控制电机了。下面分别介绍单片机如何控制直流电机、舵机、步进电机等。为了方便同学们学习,给出了控制三种电机的详细代码。

## 4.3.1 控制直流电机

对于小型的直流减速电机,通常采用 L298 芯片来驱动。比较常见的是 15 脚 Multiwatt 封装的 L298N,内部包含 4 通道逻辑驱动电路,图 4-7 是其引脚图。

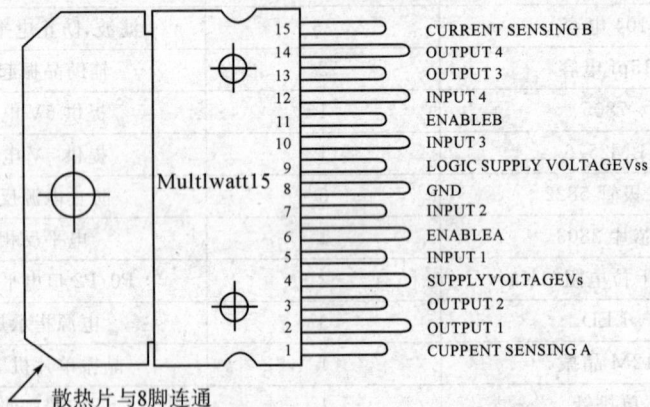

图 4-7 L298 微型直流电机驱动芯片引脚图

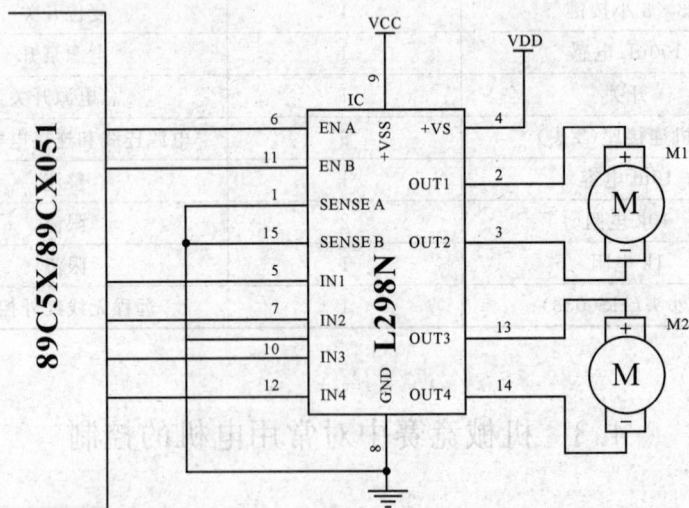

图 4-8 L298 与 51 单片机连接电路图

L298N 有两个电源输入端,一端为 5V 输入,供 L298N 芯片自身工作;一端为 12V 输入,供直流减速电机工作。一个 L298N 能同时控制两个直流电机。

表 4-2　L298 的功能

| 输　　入 | | | 输　　出 | | 工作模式 |
|---|---|---|---|---|---|
| IN1 | IN2 | EN A | OUT1 | OUT2 | —— |
| H | H | H | L | L | 制动 |
| L | H | H | L | H | 反转 |
| H | L | H | H | L | 正转 |
| L | L | H | OFF | | 停止 |
| Any | Any | L | OFF | | STAND BY |

　　为了方便同学们控制直流电机,节约大家时间,下面给出通过 L298 控制普通直流电机正反转的程序代码,正反转时间分别为 15 秒,供大家参考。同学们可以根据实际情况修改代码。

```
//包含函数
#include<reg52.h>
#include<stdio.h>
#include<math.h>


//符号定义
#define Uint unsigned int
#define Uchar unsigned char
static Uint i=0;
static Uchar j=0;                  //电机正反转标志位置零
static Uchar s[]={0,0,0,0};


//管脚定义
//sbit P34=P3^4;
sbit EN1=P3^5;                     //控制电机使能位
sbit IN11=P1^0;                    //电机输出
sbit IN12=P1^1;                    //电机输出
sbit IN13=P1^2;                    //电机输出
sbit IN14=P1^3;                    //电机输出
```

```
//函数定义
void initial();                //初始化函数
void Motormove();              //电机前进
void Motorback();              / 电机后退
void dealtime0();              //时间处理函数

//程序初始化
void initial()
   {
      IE=0x00;                 //关总中断
      TCON=0x00;               //关闭定时器 0
      TF0=0;
   }
//电机正转
void Motormove()
   {
   if (j==0)
     {
       IN11=1;
       IN12=0;
     }
   }


//电机反转
void Motorback()
   {
    if (j==1)
     {
        IN11=0;
        IN12=1;
     }
   }
//定时器 0 中断函数
```

```
void TC0() interrupt 1 using 1
        {
         if (TF0)
          {
           TH0=0xD8;
           TL0=0xF0;      //重置定时器 0 的初值
           //TF0=0;       //清中断标志位
          }
         dealtime0();     //时间处理函数
        }


//时间处理函数
void dealtime0()
    {
     s[0]=s[0]+1;
     if (s[0]==100)       //1 秒定时
      {
       s[0]=0;
       s[1]=s[1]+1;
       if(s[1]==15)       //15 秒定时
        j=1;
       if(s[1]==30)       //30 秒定时
        {
         s[1]=0;
         j=0;
        }
      }
    }
//定时器 0 定时时间
void time0()
    {
     TMOD=0x01;           //定时器 0 用于方式 1
     TH0=0xD8;
```

```
    TL0＝0xF0；                //定时器定时时间为 10ms
    }
//主函数
void main()
    {
    initial();
    EA＝1；                    //开总中断
    ET0＝1；                   //定时器 0 溢出中断允许
    TR0＝1；                   //启动定时器 0 定时
    time0();
        while（1）
            {
            EN1＝1；      //电机使能
            Motormove();
            Motorback();
            }
    }
```

## 4.3.2　控制舵机

微型伺服马达是一个典型的闭环反馈系统,其原理可由图 4-9 表示。减速齿轮组由马达驱动,其终端(输出端)带动一个线性的比例电位器作位置检测,该电位器把转角坐标转换为一比例电压,并反馈给控制线路板,控制线路板将其与输入的控制脉冲信号比较,产生纠正脉冲,并驱动马达正向或反向转动,使齿轮组的输出位置与期望值相符,令纠正脉冲趋于为 0,从而达到使伺服马达精确定位的目的。

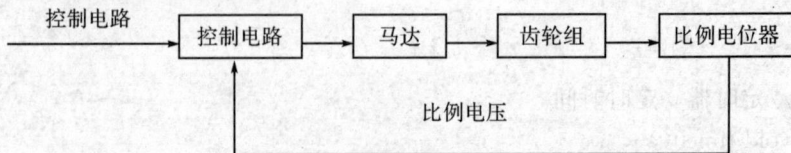

图 4-9　舵机闭环反馈系统

标准的微型伺服马达有三条控制线,分别为:电源线、地线及控制线。电源线与地线用于提供直流马达及控制线路所需的能源,电压通常为 4V～6V 之间,该电源应尽可能与处理系统的电源隔离(因为伺服马达会产生噪音)。甚至较小伺的服马达在重负载时也会拉低放大器的电压,所以整个系统的电源供应必须合理。

伺服马达的瞬时运动速度是由其内部的直流马达和变速齿轮组的配合决定的,在恒定的电压驱动下,其数值唯一,但其平均运动速度可通过分段停顿的控制方式来改变。例如,同学们可将动作幅度为 90°的转动细分为 128 个停顿点,通过控制每个停顿点的时间长短来实现 0°～90°变化的平均速度。对于多数伺服马达来说,速度的单位由"度/秒"来决定。

输入一个周期性的正向脉冲信号,这个周期性脉冲信号的高电平时间通常在 1ms～2ms 之间,而低电平时间应在 5ms～20ms 之间。表 4－3 给出了一个典型的 20ms 周期性脉冲的正脉冲宽度与微型伺服马达的输出臂位置的关系。

表 4-3　脉冲宽度与输出臂的关系

| 脉冲宽度(周期为 20mm) | | 伺服马达输出臂位置 | |
| --- | --- | --- | --- |
|  | 0.5sm |  | −90° |
|  | 1.0sm |  | −45° |
|  | 1.5sm |  | 0° |
|  | 2.0sm |  | 45° |
|  | 2.5sm |  | 90° |

为了方便同学们控制舵机,节约大家时间,以下给出控制舵机的程序代码,供大家参考,同学们可以根据实际情况修改其中的代码。

```
#include<reg52.h>
#include<math.h>
#define Dushu 30      //转过的度数定义,当 Dushu＝10 时,舵机转
                      过的角度为 0°
                      //每次增加 10 就使电机转过的度数增加 45°
#define Cycle 400     //把 20sm 分成 400 格
```

```
unsigned char i=0;        // 记录记数的结果
sbit Duo=P0^0;
void initial_T0()
{ TMOD=0x02;              //定时器工作于方式2
  TH0=0xCD;               //50微秒定时初值
  TL0=0xCD;
  ET0=1;
  EA=1;
}
void iterrupt_T0()interrupt   1 using 1
{ i++;
  if (i<Dushu)
  Duo=0;                  //P0 口送高电平
  else Duo=1;             //P0 口送低电平
  if(i==Cycle) i=0;
}
void main()
{ initial_T0();
  TR0=1;
  Duo=0;
  while(1);
}
```

## 4.3.3　控制步进电机

步进电机和普通电机有很大的区别。步进电机通过脉冲驱动,因此可以与数字控制技术相结合。不过步进电机在控制的精度、速度变化范围、低速性能方面都不如传统的闭环控制的伺服电动机。因此,在精度不需要特别高的场合可以使用步进电机,可以发挥其结构简单、可靠性高和成本低的特点。

因为步进电机不需要 A/D 转换,能够直接将数字脉冲信号转化成为角位移,所以在大学生机械竞赛中应用较多。步进电动机可以同时完成两个工作,其一是传递转矩,其二是传递信息。在机械竞赛中,若要求作品某一装置转动精确角度或精确位置时,采用步进电机是一个非常好的选择。

　　步进电机根据相位不同,控制方法和接线方法也不同。一般四相六线的步进电机必须把电源和 COM 端都接 Vcc 电源,控制时分别在所对应相位上给低电平即可。对两相四线的步进电机,必须把四条线都接控制口,根据代码(0 或 1)来控制其转动。以下是四相六线步进电机的控制程序。同学们也可以根据实际情况修改其中的代码。

```
//包含函数
#include<reg52. h>
#include<stdio. h>
#include<math. h>


//符号定义
#define Uint unsigned int
#define Uchar unsigned char
unsigned char i=0;        //A 相转动标志
unsigned char k=0;        //B 相转动标志
unsigned char l=0;        //C 相转动标志
unsigned char m=0;        //D 相转动标志
unsigned char s[]={0,0,0,0};     //定时器初值


//管脚定义
sbit EN4=P3^7;        //步进电机使能
sbit IN51=P2^4;        //步进电机 A 相控制口
sbit IN52=P2^5;        //步进电机 B 相控制口
sbit IN53=P2^6;        //步进电机 C 相控制口
sbit IN54=P2^7;        //步进电机 D 相控制口


//函数定义
void initial();        //初始化函数
void Mtormove();        //电机前进
void Motorback();        //电机后退
void dealtime0();        //时间处理函数


//程序初始化
```

```
void initial()
  {
    IE=0x00;              //关总中断
    TCON=0x00;            //关闭定时器 0
    TF0=0;               //清定时器中断标志
  }
//A 相步进电机转动
void StepmotorA()
  {
    if (i==1)
      {
        IN51=0;          //A 相给出低电平
        IN52=1;
        IN53=1;
        IN54=1;
        i=0;
      }
  }
//B 相步进电机转动
void StepmotorB()
  {
    if (k==1)
      {
        IN51=1;
        IN52=0;          //B 相给出低电平
        IN53=1;
        IN54=1;
        k=0;
      }
  }
//步进电机转动
void StepmotorC()
  {
```

```
    if (l==1)
      {
      IN51=1;
      IN52=1;
      IN53=0;          //C 相给出低电平
      IN54=1;
      l=0;
      }
    }
//步进电机转动
void StepmotorD()
    {
    if (m==1)
      {
      IN51=1;
      IN52=1;
      IN53=1;
      IN54=0;          //D 相给出低电平
      m=0;
      }
    }


//定时器 0 中断函数
void ISR_TC0() interrupt 1 using 0
      {
      if (TF0)
        {
        TH0=0xFC;
        TL0=0x80;  //重置定时器 0 的初值
        //TF0=0;     //清中断标志位
        }
        //i=1;
      dealtime0();    //时间处理函数
```

```
            }
    //时间处理函数
    void dealtime0()
        {
        s[0]=s[0]+1;        //1sm 定时中断
         if(s[0]==1)
         i=1;
         if(s[0]==2)
         k=1;
         if(s[0]==3)
         l=1;
         if(s[0]==4)
         {
          m=1;
          s[0]=0;
         }
              }


    //定时器 0 定时时间
    void time0()
        {
        TMOD=0x01;        //定时器 0 用于方式 1
        TH0=0xFC;
        TL0=0x80;         //定时器定时时间为 10ms
        }


    //主函数
    void main()
        {
        initial();
        EA=1;             //开总中断
        ET0=1;            //定时器 0 溢出中断允许
        TR0=1;            //启动定时器 0 定时
```

```
        time0();
        while(1)
        {
                EN4=1；//步进电机使能
        StepmotorA();      //A 相转过一角度
        StepmotorB();      //B 相转过一角度
        StepmotorC();      //C 相转过一角度
        StepmotorD();      //D 相转过一角度
            }
        }
```

## 4.3.4　利用红外对电机进行控制

　　遥控器使用方便,功能齐全,目前已广泛应用在电视机、DVD、空调等各种家用电器中,且价格便宜、购买方便。如果能将遥控器上许多的按键解码出来,用作单片机系统的输入,则解决了常规矩阵键盘线路板过大、布线复杂、占用 I/O 口过多的弊病。而且通过使用遥控器,操作时可实现人与设备的分离。下面以 TC9012 编码芯片的遥控器为例,用 51 系统单片机进行遥控的解码。

图 4-10　遥控器

**1. 编码格式**

① 0 和 1 的编码

　　遥控器发射的信号由一串 0 和 1 的二进制代码组成,不同的芯片对 0 和 1 的编码方式不同,通常有曼彻斯特编码和脉冲宽度编码。TC9012 的 0 和 1 采用 PWM 方法编码,即脉冲宽度调制。0 码由 0.56ms 低电平和 0.56ms 高电平组合而成,脉冲宽度为 1.12ms;1 码由 0.56ms 低电平和 1.69ms 高电平组合而成,脉冲宽度为 2.25ms。在编写解码程序时,通过判断脉冲的宽度,即可得到 0 或 1。

② 按键的编码

按下遥控器的按键时，遥控器将发出一串二进制代码，称为一帧数据。根据各部分的功能，可将它们分为 5 部分，分别为引导码、地址码、数据码、数据反码等。遥控器发射代码时，均是低位在前，高位在后。若引导码的高电平为 4.5ms，低电平为 4.5ms，当接收到此码时，表示一帧数据的开始，单片机可以准备接收下面的数据。地址码由 8 位二进制组成，共 256 种，如果两次地址码不相同，则说明本帧数据有错，应丢弃。不同的设备可以拥有不同的地址码，因此，同种编码的遥控器只要设置地址码不同，就不会相互干扰。在同一个遥控器中，所有按键发出的地址码都是相同的。数据码为 8 位，可编码 256 种状态，代表实际所按下的键。数据反码是数据码的各位求反，通过比较数据码与数据反码，可判断接收到的数据是否正确。如果数据码与数据反码之间的关系不能满足相反的关系，则说明本次遥控接收有误，数据应丢弃。在同一个遥控器上，所有按键的数据码均不相同。

**2. 单片机遥控接收电路**

红外遥控接收可采用红外接收二极管加专用的红外处理电路的方法，如 CXA20106 等，但此种方法的电路复杂，目前较少采用。比较好的接收方法是用一体化红外接收头，它将红外接收二极管、放大、解调、整形等电路整合在一起，只有三个引脚，分别是＋5V 电源、地、信号输出。红外接收头的信号输出接单片机的 INTO 或 INTl 脚，可增加一只 PNP 型三极管对输出信号进行放大。

**3. 遥控信号的解码算法及程序编制**

初始时，遥控器无键按下，红外发射二极管不发出信号，遥控接收头输出信号 1。有键按下时，0 和 1 编码的高电平经遥控头倒相后会输出信号 0。由于与单片机的中断脚相连，将会引起单片机中断（单片机预先设定为下降沿产生中断）。单片机在中断时使用定时器 0 或定时器 1 开始计时，到下一个脉冲到来时，即再次产生中断时，先将计时值取出。清零计时值后再开始计时，通过判断每次中断与上一次中断之间的时间间隔，便可知接收到的是引导码还是 0 和 1。如果计时值为 9ms，接收到的是引导码；如果计时值等于 1.12ms，接收到的是编码 0。如果计时值等于 225ms，接收到的是编码 1。在判断时间时，应考虑一定的误差值，因不同遥控器由于晶振参数等原因，发射及接收到的时间也会有很小的误差。

本节以接收 TC9012 遥控器编码为例，解码方法如下：

① 设外部中断 0(或 1)为下降沿中断,定时器 0(或者 1)为 16 位计时器,初始值均为 0。

② 第一次进入遥控中断后,开始计时。

③ 从第二次进入遥控中断起,先停止计时,并将计时值保存后,再重新计时。如果计时值等于前导码的时间,设立前导码标志,准备接收下面的一帧遥控数据;如果计时值不等于前导码的时间,但前面已接收到前导码,则判断遥控数据是 0 还是 1。

④ 继续接收下面的地址码、数据码、数据反码。

⑤ 当接收到 32 位数据时,说明一帧数据接收完毕。此时可停止定时器的计时,并判断本次接收是否有效。如果两次地址码相同且等于本系统的地址,数据码与数据反码之和等于 0FFH,则接收的本帧数据码有效,否则丢弃本次接收到的数据。

⑥ 接收完毕,初始化本次接收的数据,准备下一次遥控接收。

**4. 原代码**

```
// ********************************************************************
**********
** 编程目的:红外线代码解码
********************************************************************
********************/
#include<reg52.h>
#include<math.h>


//---------管脚定义------------------------
sbit Red_single=P3^2;
sbit EN1=P3^5;              //控制电机使能位
sbit IN11=P1^0;            // 电机输出
sbit IN12=P1^1;            // 电机输出
sbit IN13=P1^2;
sbit IN14=P1^3;
sbit IN15=P1^4;
sbit IN16=P1^5;
sbit IN17=P1^6;
sbit IN18=P1^7;
```

```c
unsigned int Record_time;
unsigned char Record_bit[32];
unsigned char Single;
unsigned char controldata=0;
/ ********************************************************
********************
** 函数功能:中断的初始化程序
** 函数名称:void initial_INT0()
********************************************************
******************** /
void initial_INT0()
{ TCON=0x01;              //使外部中断为下降沿触发
  IE=0x81;                //使能总中断,使能外部中断 INT0
  IP=0x00;                //关闭中断优先级
}
/ ********************************************************
******************
** 函数功能:定时器 T0 的初始化
** 函数名称:void initial_T0()
********************************************************
********************* /
void initial_T0()
{ TMOD=0x01;              //定时方式 1,16 位计数
  ET0=0;                  //关闭定时器中断 T0
}
/ ********************************************************
*******************
** 函数功能:开始计时
** 函数名称:void start_clock()
********************************************************
******************** /
void start_clock()
{ TH0=0;
```

```
    TL0=0;                      //定时器清零
    TR0=1;                      //开启定时器
}
/ *****************************************************************
********************
** 函数功能:关闭定时器,并且处理时间
** 函数名称:void stop_clock()
*******************************************************************
******************** /
void stop_clock()
{ TR0=0;
  //Record_time=0;
  //Record_time=TH0;
  //Record_time=Record_time<<8+TL0;
}
/ *****************************************************************
********************
** 函数功能:中断的处理
** 函数名称:void interrupt_0_deal()
*******************************************************************
******************** /
void interrupt_0_deal() interrupt 0 using 1
{ unsigned long i;
  EX0=0;
  stop_clock();
  if (TH0>=10)
    {
  for(i=0;i<16;i++)
    {
  while(Red_single==0);
    start_clock();             //开始计时
    while(Red_single==1);
    stop_clock();              //当跳变到高电平时停止计时
```

```
    if(TH0<=4&&TH0>=1)
    Record_bit[i]=0;        //如果高电平持续时间为560ms左右则为0
    else Record_bit[i]=1;   //否则为1
}
Single=0;
CY=0;
ACC=0;
while(Red_single==0);
for(i=0;i<8;i++)
{
CY=0;
Single+=Record_bit[i+8]<<i;
}
controldata=Single;
P0=controldata;
switch(controldata)
{
  case 34:                 //电机前进
  IN11=0;
  IN12=1;
  break;
  case 42:                 //电机前进
  IN11=1;
  IN12=0;
  break;
  case 10:                 //电机停止
  IN11=0;
  IN12=0;
  break;
  case 72:
  IN13=0;
  IN14=1;
  break;
```

```
            }
mark00:while(Red_single||(! Red_single)) i++;
if(i<100000)
{
i=0;
goto mark00;
    }

    TF0=0;
    EX0=1;
    }
}
/*********************************************************************
*********************
** 函数功能:主函数
** 函数名称:void main()
*********************************************************************
********************* /
void main()
{ initial_INT0();              //中断初始化
  initial_T0();               //定时器初始化
  start_clock();              //定时开始
  EN1=1;                      //电机使能
  //P1=0;
  while(Red_single==1);
}
```

## 4.4  电控部分注意事项

在大学生机械设计竞赛中,大部分作品是通过单片机控制的。单片机由于具有价格低、可靠性高等特点,在检测、控制系统中得到广泛应用。但是在单片机应用系统的运行过程中,一定要注意系统的可靠性与稳定性。单片机应用系统的抗干扰设计是系统设计的重要内容之一,抗干扰性能的好坏将决定系统能否在复杂环境下,特别是在各种实时控制的远距离系统中稳定、可靠地工作。由于现场环境的干扰因素较多,所以首先要找出干扰源,减少、或者屏蔽干扰,才能使单片机控制系统在较好的环境中工作。本小节讨论如何通过硬件及软件技术来全面提高单片机系统的抗干扰性,从而提高其可靠性等问题,最终实现控制的稳定性。

## 4.4.1　抗干扰

### 1. 干扰来源及其产生的后果

① 干扰的来源

干扰是以脉冲的形式进入单片机系统,主要有过程通道干扰、供电系统干扰、空间干扰等 3 种渠道。干扰通常沿着各种线路侵入系统,系统接地装置不可靠,也是产生干扰的重要原因;各类传感器及输入、输出线路的绝缘损坏均有可能引入干扰。

② 干扰产生的后果

由于存在干扰,会造成数据采集误差、程序运行失常、误操作、被控对象状态不稳定、定时不准、数据发生变化、系统程序"跑飞"引起死机等现象。

### 2. 硬件抗干扰措施

① 过程通道抗干扰

可采用隔离的方法进行抗干扰。对数字信号的隔离,通常采用光电耦合器;对于模拟信号,常采用隔离放大器。采用光电耦合可以切断主机与前向、后向通道电路以及其他主机电路的联系,能有效地防止干扰从过程通道进入主机,同时,对抗共地干扰也有好处。

② 供电系统抗干扰

A. 使用交流稳压器,能够防止电网过电压和欠电压干扰,保证供电的稳定性;

B. 变压器初次级用屏蔽层隔离,减少其间分布电容,提高共模抗干扰能力;

C. 低通滤波器可滤去干扰带来的高次谐波;

D. 整个系统采用分离式供电方式,分别对各部分进行供电;

E. 采用开关电源并提供足够的功率余量。

**3. 空间抗干扰**

为了防止噪声通过空间传播带来的危害，通过设计印刷线路板布线与工艺，根据控制噪声源、减小噪声传播与耦合、减小噪声的吸收 3 个原则设计印刷线路板和布线。

**4. 接地抗干扰设计**

合理的接地方式可以抑制干扰，使系统正常运行；不合理的接地则会产生干扰，降低系统的可靠性，甚至损坏系统的各种功能。

① 接地方式的选择。对于低频信号，一般采用一点接地，当单元电路的电流不大，频率也不高时，采用串联一点接地方式；当单元电路的电流很大时，采用并联一点接地方式。当电路工作频率大于 10MHz 时，采用大面积多点接地方式。

② 模拟接地与数字接地分开布线。

③ 要将交流接地与直流接地分开，不可将供电系统的中线当作地线使用，否则将交流电力线的干扰引入系统，而且交流线上的大电流可能危及系统的安全。不管采用何种接地方式，电路板上的地线总体要求分布电阻小，所以地线要加宽加粗，增加其传导能力。同时要利用地线的屏蔽作用，在电路板上的空隙处均匀布设地线，并且用地线隔离开容易相互耦合的信号线等。

**5、软件抗干扰措施**

除在硬件电路方面采取各种抗干扰措施外，还需要在软件方面来提高应用系统的可靠性。

① 指令冗余

CPU 取指令的顺序是先取操作码，再取操作数。当单片机受到干扰并出现错误时，程序便脱离正常轨道"乱飞"；当乱飞到某双字节指令时，若取指时刻落在操作数上，误将操作数当作操作码，程序将出错。若"飞"到三字节指令，出错几率更大。因此，在关键地方人为地插入一些单字节指令，或将有效单字节指令重写，称为指令冗余。通常是在双字节和三字节指令后插入 2 个字节以上的空操作指令 NOP，避免后面的指令被当作操作数执行，程序自动纳入正轨。在对系统流向起重要作用的指令如 RET、RE2、TI、JMP、JC 等指令之前插入 2 条 NOP，也可将乱飞程序纳入正轨，确保指令的执行。

② "看门狗"技术

当"指令冗余技术"和"软件陷阱技术"不能使失控的程序摆脱死循环的困境时，可以采用"看门狗"技术，不断监视程序循环运行时间，若发现时间超过已知的循环设定时间，则认为系统陷入了死循环，然后强迫程序返回到

0000H 入口,在 0000H 处安排一段出错处理程序,使系统运行纳入正轨。这种情况下,要使系统复位。MCS96 和 8XC552 等系列单片机内部有 1 个 WDT 监视定时器,是 1 个 16 位的计数器,输入为系统时钟,WDT 被启动后,开始对时钟计数,计满溢出时,可使 RESET 端出现适当的复位信号,使系统复位。在正常情况下,为了防止 WDT 溢出并使整个系统复位,可在程序中周期性地用指令清 WDT;当程序受到干扰而没有正常地定期清 WDT 时,WDT 的溢出就会使系统复位,从而恢复正常运行。

③ 睡眠抗干扰

有些单片机具有睡眠状态,在该状态下只有定时计数系统和中断系统处于工作状态,这时 CPU 对系统总线上出现的干扰不会做出任何反应,从而大大降低系统对干扰的敏感程度。在应用系统中,CPU 在很多情况下是在执行一些等待指令和循环检查程序,由于这时 CPU 虽然没有执行命令,但还是容易受到干扰。此时,可以让 CPU 在非正常工作时休眠,必要时再由中断系统来唤醒它,执行完命令后,再进入休眠状态。采用这种设置,CPU 可以有 60 ％以上的时间处于睡眠状态,从而使 CPU 受到随机干扰的威胁降低,同时也降低 CPU 的功耗。

## 4.4.2　PCB 设计注意事项

1. 要有合理的走向。如输入/输出,交流/直流,强/弱信号,高频/低频,高压/低压等,它们的走向应该是呈线形的(或分离),不得相互交融,其目的是防止相互干扰。最好的走向是按直线,当无法实现时,可以设置隔离带来改善。对于直流、小信号、低电压 PCB 设计的要求可以低些。

2. 选择好接地点。一般情况下要求共点地,如前向放大器的多条地线应汇合后再与干线地相连等等。

3. 合理布置电源滤波/退耦电容。电源滤波/退耦电容是为开关器件(门电路)或其它需要滤波/退耦的部件而设置的,布置这些电容就应尽量靠近这些元部件。

4. 线条尽量做宽,高压及高频线应圆滑,不得有尖锐的倒角,拐弯也不得采用直角。地线应尽量宽,最好使用大面积敷铜,大大避免了接地点问题的产生。

5. 设计中应尽量减少过线孔;同向并行的线条密度不能太大,否则焊接时很容易连成一片。因此,线密度应视焊接工艺的水平来确定。

6. 焊点的距离不能太小,否则不利于人工焊接,可能导致降低焊接质量,留下隐患。

7. 避免焊盘或过线孔尺寸太小,或焊盘尺寸与钻孔尺寸配合不当。前者对人工钻孔不利,后者对数控钻孔不利。

8. 导线不能太细,若导线太细,而大面积的未布线的区域又没有设置敷铜,容易造成腐蚀不均匀。

### 4.4.3. 其他注意事项

#### 1. 控制舵机的注意事项

控制舵机时,对时间的要求非常严格。当每次对舵机的加载时间有微量误差时,就会导致舵机内部比较电压的不稳定,使得舵机控制的脉冲占空比有大有小,这样舵机转角的定位值就会不稳定,舵机所转过的角度就不能满足要求。若每次对舵机输送脉冲占空比不相等,可能会使导致舵机不能工作在稳定状态,会使舵机在转过的角度处"颤抖"。所以在时间处理上,单片机内部的定时器必须为自动加载模式,这样就能保证每次清零后,加载的时间常数都是固定的,从而使舵机控制脉冲的占空比保持定值。

#### 2. 控制步进电机的注意事项

对步进电机进行控制时,可以使用单片机的 I/O 口输出高低电平的不同来实现步进电机内部励磁线圈的通断。单片机的 I/O 输出的 TTL 电平,虽然对开关量的控制没有影响,但当步进电机的回路以单片机为回路媒介时,单片机本身只能承受 TTL 的微电流,如果步进电机的回路电流达到几安培,就会超过单片机的承受电流,烧毁单片机。所以,对步进电机进行控制时,最好使用能够承载大电流的 L298 来实现开关量的控制。这样不仅能保护电路,还可以使对步进电机的供电电压达到理想值。

#### 3. 使用红外遥控器的注意事项

使用红外遥控器时,首先要选择输出具有固定数据脉冲的遥控器。因为某些型号遥控器的输出数据脉冲是实时变化的,每次输出的数据值不一样,导致红外头每次读取的数据都不相同,以至无法处理这些数据,因此每次遥控器的按键值都不可预测。所以同学们在选择遥控器时,必须对遥控器测试波形,保证每次输出的波形是稳定的值,这样对遥控器读键值就比较方便。其次,需要选择具有引导码的遥控器。如果遥控器没有引导码,当对遥控器的某个键进行连续按键时,红外头可能无法识别按键的数据码。这是因为按键发送数据的间隔时间很短(零点几毫秒),当数据从中间开始接受时,红外头无法处理接受到的数据。此时,就需要使用软件进行处理。在软件初始化的时候,对定时器进行定时,当遇到接受数据的脉冲下降沿时,通过读取定时时间的大小,就能判断数据接受的完整性。

**4. 供电保护电路的注意事项**

同学们在接线时,由于疏忽,可能会将电源反接,这样不仅会烧毁芯片,而且会烧毁电路的接线,造成很大的损失。如果在供电最初端使用二极管,可以防止电源反接导致的严重后果。当二极管反接时,反接的击穿电流很大,此时电源就无法对电路供电,起到保护作用。而只有二极管正接时,电路才能工作。我们也可以采用电桥,因为电桥不仅可以防止电源的反接,而且还可以对交流电起到整流的作用。

# 第 5 章　理论方案与实物竞赛

## 5.1　如何撰写理论方案

理论方案在整个机械设计大赛中的地位是勿庸置疑的。在竞赛前期，它是决定实物制作的指导性文件；专家在看到实物前，通常只能根据理论方案大致判断作品的好坏。一般来说，国内很多机械设计大赛，只有通过了理论评审，才能进行实物制作或进入最终的决赛。因此，撰写一份翔实、完整的理论方案书，是至关重要的。完成一份理论方案，通常分为两个步骤：选题(确定设计内容)、撰写。

### 5.1.1　选题(确定设计内容)

机械设计竞赛一般有两种类型，一是机械竞技类比赛(类似各种机器人比赛)，一是机械创新设计类竞赛。

对于机械竞技类比赛，通常要求作品在规定时间内完成竞赛指定的动作，这就要求同学们仔细研究大赛组委会给出的题目以及规定动作的各个细节，然后确定采用何种机构、何种传动方式，以及电机的选择与控制方式，最后完成理论方案的撰写。

对于机械创新类竞赛，选题是竞赛成败的关键。确定设计内容之前，必须进行市场调研，了解国内外的现状、取得的成果、有哪些问题尚待解决等。只有详细了解了这些背景知识，才能确定自己的方案。

通过市场调研，以及在互联网、图书馆等搜集资料，尽可能多地了解该领域的发展现状,明确课题开展的意义、要求以及要达到的预期目标。不能重复研究或者照抄照搬别人的研究成果,但可以从别人的成果中得到有益的启发和借鉴。对于他人未解决的,或解决不圆满的问题,则可以在此基础上再继续研究和探索。

同学们要切记,作品要有创新,不能照搬或重复别人的成果,必须有属于自己的东西。同时,作品必须具有一定的实际意义,可完成一定的独创功能;在一定程度上解决了实际生产、生活中的问题,取得了一定的效果等等。选题的过程也是制定计划的过程,要做好如下几点:

**1. 确定总体规划**

作品需完成哪些功能,达到何种要求;采用哪些机构、传动,或者哪些机构及传动组合;作品的外观、总体尺寸、关键部位的材料;零部件的设计、加工、装配方案;电机的选择,控制方式等。

**2. 制定合理的计划**

制定计划,主要是给出大致的时间安排,采用哪些设计的方法和步骤等。尽量规划好时间,做到前紧后松。好的计划是成功的一半。

**3. 给出大致的预算**

同学们还需要给出经费预算,并列出主要元器件清单、零部件的制作加工或者购买费用。

**4. 考虑问题要周全**

零部件的加工可能会占去大量的时间,如果前期的准备工作没有做好,经常改动方案或者设计零件不合理,经常会出现返工甚至对方案进行大的修改的现象,这样就会浪费大量的时间,进而影响到后期的装配和调试工作。

**5. 经常光顾电子市场、机电市场**

在确定题目以及完善方案的过程中,为了开阔思路,同学们应该多去电子市场、机电市场。市场的各种元器件、零部件会对大家有很大的启发作用。购买现成零部件、元器件,还可以减少不必要的时间浪费。

## 5.1.2　理论方案的基本要求及书写注意事项

确定设计内容后,就要开始撰写理论方案了,理论方案的撰写大致包括以下几个内容:

1. 研制背景及意义;

2. 作品的主要功能、技术参数和指标;

3. 原理方案构思和拟定；

4. 原理方案的实现、机构运动简图或工作原理示意图；

5. 关键技术的分析与实现，主要结构的设计简图；

6. 设计计算与说明；

7. 设计小结（包括创新点及应用前景）；

8. 参考文献；

9. 装配图及零件图。

上述内容可根据实际情况略作调整。撰写理论方案时一定要注意，论文中出现的学术用语是否规范，图表公式是否符合要求，引用是否正确；同时还要对论文进行结构修改，做到层次分明，条理清晰；进行语言修改：用词、语法、逻辑等。大家还要注意，理论方案是为了把作品表达得更清楚，要实事求是，切忌夸大其词，重点突出，不能面面俱到。具体包括：

1. 实事求是。从对客观实际出发，力争做到如实反映实物作品的实际情况，不能夸大其词，也不能夹杂个人的主观偏见。

2. 方案要可行。可绘出机构、传动简图，让人一目了然；复杂的动作最好能够分步表达。

3. 数据要详实，计算要准确。相关数据要详实，计算公式要有出处和根据，请不要省略关键步骤的推导过程。

4. 善于用图表来表达。图表不仅使方案的表述更为清晰，也给读者带来更为深刻的印象。凡是用图表或表格说明的问题，一定要在行文中对图（包括曲线图、图片等）或表格给予解释，图或表在文中分别统一编号，若同类图或表数量多，也可作为附录列于理论方案的正文之后。

5. 方案不宜过长。关键在于能否把问题表述清楚，尽量精辟，言简意赅。过长且拖沓的论文往往让评委觉得乏味。

6. 避免附带个人主观因素，夸大其词：如"填补了国内外空白、构思极其巧妙、各项指标均处于国际领先地位、给患者带来了极大的福音"等。

7. 图纸一定要规范。公差配合、精度、粗糙度等必须参照国家标准和相关规定。

总之，理论方案的设计非常重要，设计期间尽可能多地考虑实际情况会出现的问题。零部件的受力分析、材料的强度、重量，各个配合件的位置关系，机构的可靠性、可行性，电子元器件的抗干扰性等等均需充分考虑。只有这样，才能在以后的加工、安装、调试过程中，减少无谓的失误和节省宝贵的时间。

### 5.1.3　理论方案书写过程中常见问题举例

本节列举几个同学们在撰写理论方案中经常出现的问题,分析其不足之处并给出修改,希望能提高大家撰写理论方案的水平,相信经过这样一个训练,对大家完成课程设计、毕业设计也会有一定的帮助。

**例 1　自动门前除尘器**

**原文:**我们设计的自动门前除尘器能有效的除去鞋底的尘土和泥水,在晴天雨雪天都适用,能减轻室内保洁工作强度。而在清理液用加入消毒液,有效杀菌,能防止病毒细菌随鞋底带如室内。我们本着质量轻,高度低,结构紧凑,支持强度高,刚性好的原则,钢格板网架和支持底架用钢性材料制作,储尘盒和盛液盒可以用塑料材料制作,刷尘带与皮带粘贴固定,机壳用铝制作。而装置结构采用一条传动带连续传动实现,结构简单,可靠性好,在工作过程中自动控制,并且成本较低。在整个设计过程中,我们考虑的问题很多,电机的功率,转轴的直径,皮带的长度等等。设计零件时,不仅要考虑材料,还要确保加工,安装,拆卸,更换是否方便,性能是否可靠。在清洗液配料中,我们还可以加入消毒液,使的该产品更加适应于对细菌和病毒预防要求高的企业和单位。如医院,科研研究所等。

**点评:**作者的目的是介绍"自动门前除尘器"的功能、特点等,但叙述时显得条理不清,语句不通顺。本例可作如下修改:

自动门前除尘器能较为有效地去除鞋底的灰尘和泥水,适用于各种天气场合,有效地减轻了清洁工的工作量。作品主体采用钢架结构,机壳用铝材制作,储尘盒和盛液盒采用塑料,使得整个装置强度高,重量轻,结构紧凑。刷尘装置固定在皮带上,通过皮带的连续传动实现预期功能。而控制部分采用单片机,操作简单,且保证了整个装置的可靠运行。同时,在清理液中适当加入消毒液,可有效杀菌,防止病菌随鞋底带入室内,特别适用于对抗菌要求高的企业和单位,如医院,科研院所等。

**例 2　仿生螃蟹**

**原文:**螃蟹以其独特的横向行走方式而标新立异于动物界,从而备受注目。我们正是捕捉到这一点,与仿生机械的创新设计联系起来,拟定做一个具有仿生功能的机器蟹。

此机器蟹首先必须仿螃蟹的横向行走,即也必须使其大腿能够抬起,而小腿能够向大腿所指方向迈出,当其脚落地时能够抓住地面,通过运动带动整个身体向一侧行进。

我们联想到曲柄摇杆机构,利用其在曲柄旋转时摇杆在两个极限位置摆动这一特性,恰好仿似螃蟹小腿的摆动。至于曲柄与摇杆间的部分仿大腿的抬起,我们采用一硬制弹簧同一凸轮的配合来实现。蟹有八条腿,我们用采用了八个经过改动后的曲柄摇杆机构来模拟。行走时四条腿着地作为支撑,

蟹遇到障碍是可以转向的,但并不象其他动物一样能立即转开,而是不断的转动很小的角度,做一个类似弧线的运动。我们采用一个由电机带动的拉杆结构在着地的蟹腿做横向爬动的同时拉动蟹腿做纵向运动,从而带动身体在纵向缓慢挪动。

蟹的两个前螯能够一张一合来夹起食物,我们通过一个电机拉动仿生机器蟹的两个前螯以实现其收拢与张开。

**点评**:分析了螃蟹行走时的特点,给出了作品采用凸轮、拉杆等机构的原因。但语言表达不清楚;学术性质的论文中,尽量少出现"我们"。本例可做如下修改:

本作品为一仿生机器螃蟹,模仿螃蟹独特的横行方式,包括避障、夹持食物及防御功能。

仿生螃蟹横向行走时,大腿抬起,小腿向大腿所指方向迈出,落地时抓住地面,从而带动蟹身向一侧行进。作品采用曲柄摇杆机构来实现这一功能,摇杆的两个极限位置正好为螃蟹小腿的极限位置。螃蟹大腿的抬起采用硬制弹簧同一凸轮的配合来实现。螃蟹共有八条腿,因此采用了八个经过改动后的曲柄摇杆机构来模拟。行走时,螃蟹左侧的四条腿着地作为支撑,而右侧的四条腿抬起,向前运动,当右侧的四条腿伸直并着地时,左侧的四条腿开始运动。如此循环往复,从而实现了蟹的横向行走。

螃蟹遇到障碍则转向,但并不像其他动物一样立即转开,而是做一类似弧线的小角度逐渐缓慢转动。着地蟹腿做横向移动的同时,采用一个拉杆机构带动蟹腿做纵向运动,从而使蟹身纵向缓慢移动。

通过一个电机拉动仿生机器蟹的两个前螯,实现其收拢与张开,实现前螯的防御与夹持食物的功能。

**例 3　轮椅助行器**

**原文**:通过将近三个月的努力,轮椅助行器在我们手中诞生,这项产品总体上来说结构简单,新颖,富有创造性,使用方便,并且成本十分低廉。适用于下肢暂时失去行走能力,需进行康复锻炼的病人,同时也适用于需要轮椅进行代步的病人,可以说适用面非常的广,加之同类型的相似的产品在国内几乎是

空白,可以说没有,因此轮椅助行器,社会的需求量将会非常的大,可以说这项产品的开发,推广,使用将会给康复病人带来极大的福音,同时也会创造可观的经济效益。

**点评**:可以看出,本例具有一定的感情色彩,夸大其词,还有一些诸如语句不通顺,用词不当等不足。本例可进行如下修改:

轮椅助行器结构简单,使用方便,成本低廉,适用于下肢暂时失去行走能力,需进行康复锻炼的病人,同时也适用于需要轮椅进行代步的病人,有较大的潜在市场。若加以开发和推广,相信会给病人带来不小的帮助,同时也会创造一定的经济效益。

**例 4　皮下疫苗注射机**

**原文**:吸液动作:查找相关资料可知医学上对注射的药量有严格的规定,作为一款全自动的疫苗注射机,我们有必要严格遵守这些规定,并通过巧妙的机械结构实现它,考虑了众多的机械机构,我们最终选定了丝杆螺母机构实现吸液这一动作,丝杆的传力平稳可实现抽药杆的平稳运动,与螺母的配合间隙小可以尽可能的减小吸药时产生的剂量误差,而且整个机构是由在单片机精确控制下的步进电机提供动力,更增加他的准确性,为了实现自动吸液的功能,我们还自行设计了可以推拉抽药杆的零件,并在其适当位置攻螺纹以配合丝杆的运动。

要完成整个吸液动作还必须有一储药瓶上下运动与上述动作相配合,而储药瓶的上下的定时平稳运动通过吃条齿轮机构实现的,并由减速电机提供动力,受单片机的智能控制。

我们还考虑的在吸液的过程当中可能将空气吸入针筒,因此在吸液过后还有排空气的动作,吸液机构的反向运动即可实现这一功能。

**点评**:理论方案中尽量少出现"我们"这两个字。该段文字表达较为罗唆,条理不清,语句不通顺,且有错误词语。本例可作如下修改:

**吸液动作**:采用螺旋机构,通过丝杆传力平稳的特点,在单片机的控制下,由精度较高的步进电机提供动力,配合自行设计的"推拉式"抽药杆,实现自动吸液的功能,并保证了医学上对注射药量的严格规定。

上述动作必须与做上下运动的储药瓶相配合,储药瓶的上下运动通过齿轮齿条机构实现,并由减速电机提供动力,受单片机智能控制。

吸液的过程当中可能将空气吸入针筒,因此必须有排气动作,吸液机构的反向运动即可实现这一功能。

# 5.2　PPT 幻灯片的制作

## 5.2.1　幻灯片制作的注意事项

比赛期间,除了实物演示,还要求参赛选手对作品进行理论陈述,加深评委对参赛作品的理解。作者推荐选手们采用 PowerPoint 进行演示。Power-Point 不仅可以制作出图文并茂的幻灯片,而且还可以配上一些如声音、动画等特殊的演示效果,是一种十分有用的演示软件。

但 PPT(PowerPoint)只是一种工具,在某种程度上,PPT 的易用性也是它最大的弱点。虽然利用它可以创建出非常精彩的幻灯片,但评委不仅要观看屏幕上显示的影像,还要聆听参赛者的讲解。

PPT 的好坏,直接关系到理论答辩的成绩。不少参赛的 PPT 存在一些诸如选材不精、文字过多、字体过小、内容太多、层次不清等问题,为此大家在制作 PPT 时,必须注意以下几个方面:

1. 材料要直接切入主题。不少同学自己制作或在网上下载了很多图片,但一定要选择与主题密切相关的材料。创建幻灯片的目的是支持口头演示,关系不大的材料只会使演讲冗长罗嗦,起到负面作用。

2. 不要复杂化。有时候,PPT 越是简单,反而效果越好。同学们只需要精选易于理解的图表和反映演讲内容的图片。建议每行不超过 10 个字,每张幻灯片不超过 5 行。不要用太多的文字和图片破坏演示。

3. 尽量做到一页一个主题。每页投影片不要超过 30 个字,一张 PPT 只表达一个主题,尽量运用数字及图表加以佐证。

4. 字体不要太小。字体太小的话会影响演讲效果,字体以 20 号字体以上为宜,重要内容还可选择黑体或加粗。

5. 幻灯片数量不能太多。PPT 的作用在于,能够以简明的方式传达作者的观点和支持演讲者的评论,数量太多的话就不能突出重点。

6. 避免照本宣科。照念 PPT 是参赛选手最常见也最不好的习惯,如果照本宣科,就失去了答辩的意义。PPT 与扩充性、讨论性的口头评论搭配才能达到最佳效果。主讲者要与评委保持视线接触,并注意评委的反映。PPT 只是辅助工具,主讲者的独特见解、口才、肢体动作、表达能力及临场应变才是答辩成败的关键。

7. 重视影像处理。影像图片比文字更能吸引客户的注目,选择影像时要把握原则,影像内容需要与主题相关;要有原创和冲击性,能让观众留下深刻印象。

8. 减少特技效果。预设动画特效可以让简报更加生动,但要适可而止,否则会让听众感到一头雾水;尽量少配音,而以现场口头报告的方式来展现临场效果。

9. 掌控播放时间,并适当给评委一些思考的时间。对重要内容,在展示新幻灯片时,先给观众阅读和理解的过程,然后才会加以评论,千万不要在幻灯片一开始就评论。

10. 播放完一张幻灯片后,稍做停顿。PPT 一定要与演讲相结合,同学们要注意评委的反映,每播放完一张,稍微停顿几秒钟,不要一口气讲完。不仅能带给观众视觉上的休息,还能有效地将注意力集中到更需要口头强调的内容中。

11. 演示前要严格编辑。反复修改,请自己的指导教师或同学挑毛病,找错误,避免标点符号、错字别字等低级错误,会给评委留下不好的印象。

12. 进行模拟练习。为了达到良好的效果,同学们可以模拟答辩现场,请自己的同学担任评委,多提问题、多挑毛病。赛前的模拟练习往往能有效地改善正式比赛时的演讲效果。

## 5.2.2　PPT 制作实例

PPT 的制作方式通常可根据作品内容而定,可以以文字叙述为主,图片、影片为辅助,也可以以图片为主,甚至直接用动画表达。下面介绍几个比较典型的案例。

### 5.2.2.1　便捷街道清洁车

本例介绍学生获奖作品:便捷街道清洁车。作品以文字叙述为主,配合视频录像、flash 动画,讲解了作品的功能、特点、创新性、市场前景等,如图 5-1 所示。

第 1 张:给出作品背景,将扫把、畚箕、垃圾车结合,得到便捷街道清洁车;

第 2 张:介绍作品性能;

第 3 张:播放清洁车清扫各种垃圾的视频录像,加深评委的印象;

## 方案构思

设计一种将扫把、畚箕、
车，用于清扫街道垃

第1张

## 作品性能

1 无需弯腰清扫垃圾，减

2 采用不同的清扫装置清扫不

3 采用齿轮齿条传动，将压杆p

运动：利用棘轮单向传递运p

4 清洁车可在各种马

第2张

## 便捷街道清洁车

B003

第3张

## 作品创新性

1 作品集清扫、回收、储存垃圾于一

2 设计有换档装置，可清扫多种垃圾

3 纯机械设计，成本低

4 清洁工无需弯腰清扫垃圾

5 扶手高度可调，拉手高度可调，适

第4张

## 方案的实现

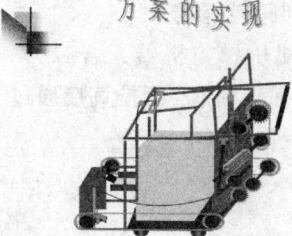

第5张

## 便捷街道清洁车

谢谢观赏！

参赛队号B003

第6张

图 5-1 便捷街道清洁车 PPT 演讲稿

第 4 张：介绍作品的创新性能；

第 5 张：采用 flash 动画，详细介绍了作品的工作原理，采用的机构、传动
等；

第 6 张:结束。

### 5.2.2.2　解救人质机器人

本例为学生获奖作品:解救人质机器人。作品的原始尺寸满足题目(参见附录 1)要求:300×300×300(长、宽、高)。辅助桥梯式机器人结构简单、成本低、装配方便,实际证明能够完成本次竞赛的各项任务。辅助桥梯不仅能够帮助救护车安全跨越壕沟,而且在翻越隔离墙时也起到了举足轻重的作用,可以帮助救护车平稳地跨越壕沟,顺利地翻越隔离墙。机器人的机械手臂可以精确定位,实现对各个大小不一的人质的抓取。

在理论陈述中,作品几乎没有采用文字表述,全部以三维仿真图形的形式,分步介绍了机器人的工作过程,形象生动,使评委和听众一目了然。由于没有文字介绍,对演讲者提出了更高的要求。演讲者必须针对每张图片,给出合理的讲解,恰如其分地指出作品的创新性、特点、功能等。详细 PPT 幻灯片如图 5-2 所示。

第 01 张:解救人质机器人的总体结构,由两部分组成:机器人本体、桥梯。

第 02 张:机器人在出发区状态,初始状态满足竞赛要求:出发前的原始尺寸小于 300×300×300(长、宽、高),并顺利通过长、宽、高均为 300 的隧道。

第 03 张:机器人穿过隧道,准备跨越壕沟。

第 04 张:机器人行进至壕沟,调整位置,放下桥梯。桥梯上的翻转电机运转,将桥梯展平。

第 05 张:机器人从桥梯上通过,借助桥梯,顺利跨越壕沟。

第 06 张:机器人顺利跨越壕沟后,收起桥梯,使桥梯与机器人合二为一。由于采用了特制的卡位机构,机器人无需转身掉头抓取桥梯,而是直接通过卡位机构,实现与桥梯的快速结合,大大节省了时间。

第 07 张:机器人与桥梯一起行至隔离墙。

第 08 张:准备架云梯。

第 09 张:机器人脱离桥梯,人桥分离。

第 10 张:机器人调整位置,架好梯子。

第 11 张:架梯完成。

第 12 张:行至人质囚禁区,准备解救人质。

第 13 张:机械手将人质从囚禁区抓起,并放置在机器人身上的人质存储区。依次抓取五个人质。解救人质完毕。

第 14 张:准备翻越隔离墙。

解救人质机器人总体结构图

第01张

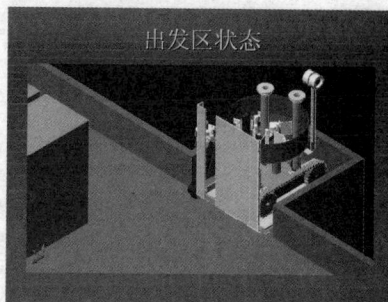

出发区状态

第02张

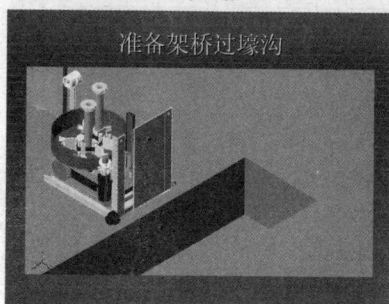

准备架桥过壕沟

第03张

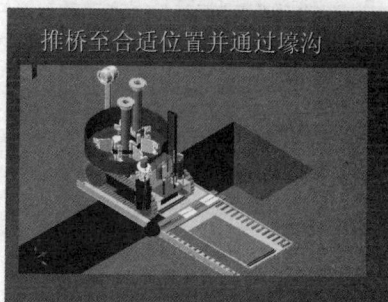

推桥至合适位置并通过壕沟

第04张

顺利通过壕沟

第05张

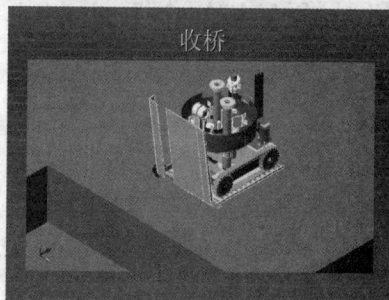

收桥

第06张

行至隔离墙准备架墙梯

第07张

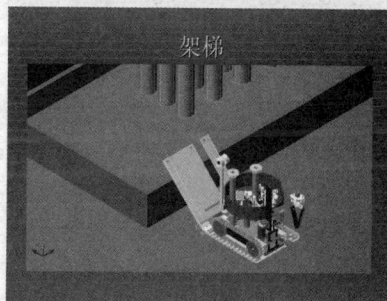

架梯

第08张

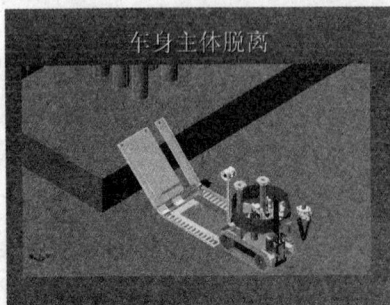

第09张

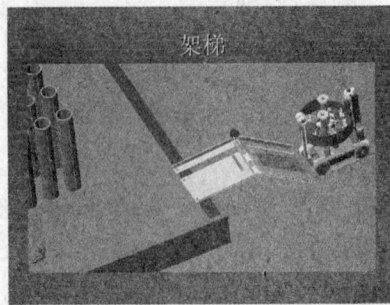

第10张

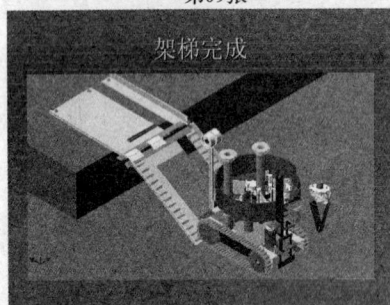

第11张

第12张

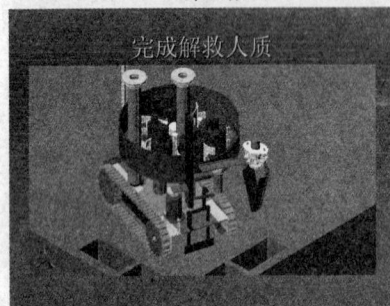

第13张

第14张

第15张

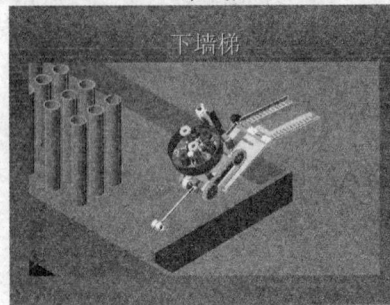

第16张

第17张

第18张

第19张

第20张

图 5-2　解救人质机器人 PPT 幻灯片

第 15 张:放下支撑杆,准备下桥梯。

第 16 张:机器人顺利走下桥梯。

第 17 张:完成翻越隔离墙动作。

第 18 张:采用螺旋传动,升起人质暂存区。

第 19 张:释放人质,将释放口对准安全通道,旋转投放装置,逐个释放人质。

第 20 张:结束。

### 5.2.2.3　深海探宝车

本例为学生获奖作品:深海探宝车。理论陈述全部采用 flash 动画,用影片的形式,将探宝车下楼梯、拣圆环、上楼梯、套圆环的动作一气呵成,使评委和观众一目了然。在播放影片的过程中,参赛选手还要讲解、说明作品采用何种方式完成这些功能,采用了哪些机构、传动,有哪些创新之处等,因此对主讲者提出了更高的要求。

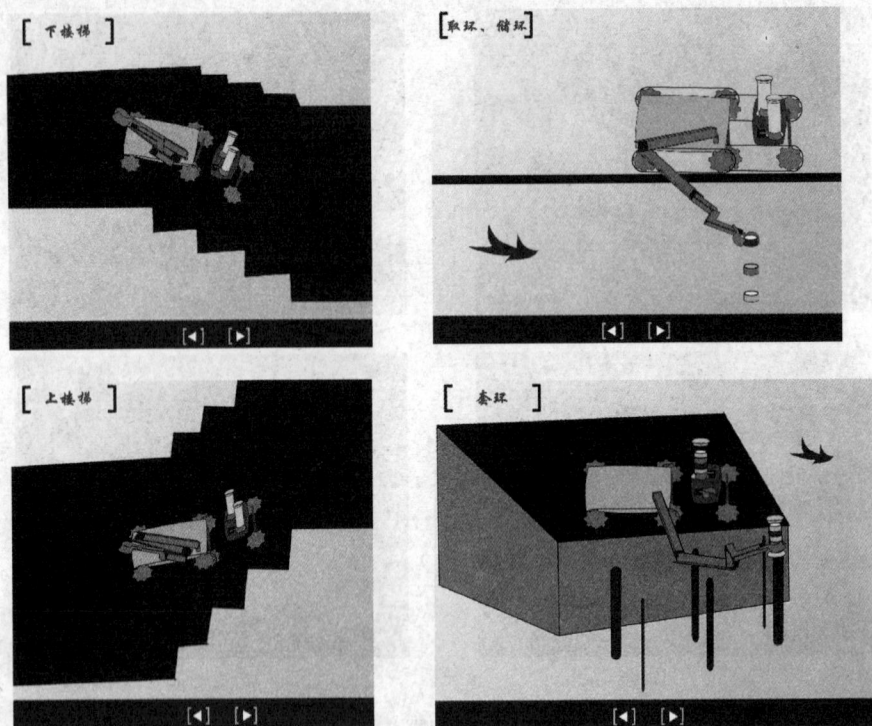

图 5-3　海底探宝车 PPT 演示动画

# 5.3　理论答辩

## 5.3.1　机械竞赛理论答辩

理论答辩是机械竞赛的重要环节。专家及评委观看了参赛作品后,可能会有一些疑问,理论答辩与实物表演结合起来,会让评委更清楚地了解作品,从而给出较为客观的成绩。

全国大学生机械创新设计大赛要求参赛队员首先进行实物表演和介绍,专家综合打分后,召开专家委员会,确认进入最终决赛的作品。进入最终决赛的作品还要进行理论陈述,接受专家及评审委员的质询。

通常,参赛者先介绍作品的相关内容(3~5 分钟),讲解完毕后,评委会就作品中的某些问题提问(5~8 分钟)。答辩成员一般由 1 至 3 人组成,1 人为主讲,其他队员可以参与回答评委的提问;答辩委员会一般为 6~8 人以上,由相关专家组成。专家在听完主讲队员的陈述后,会提出一些问题,要求参赛选手给予正确、合理的答复。

完成一个作品大约要 3 个月左右的时间,甚至更长,但答辩时间仅有短短的几分钟,几分钟内不仅要介绍自己的作品,还要给评委留下深刻的印象,这就必须要求选手们做好充分的准备。答辩时要实现如下的几个目标:

1. 明确阐明选题的意义。指明作品的创作背景,现实意义,解决了哪些实际问题。

2. 合理陈述作品的功能。注意一定要实事求是,不能夸大其词,恰如其分地将作品的主要功能展示给专家和评委。

3. 突出作品的创新点。作品包含哪些机构、传动,零部件结构、装配、工艺等方面有哪些创新等等。

4. 展望作品的应用前景。作品带来了那些经济、社会效益,给人们生产生活带来了哪些方便等,有何市场前景等等。

其中创新点是最吸引评委成员注意的,因此必须予以强调,请大家充分准备,在介绍时把作品的亮点充分展示给评委。

## 5.3.2 机械设计竞赛理论答辩的注意事项

从前面分析以及大学生机械设计竞赛的特点可以知道,理论答辩对于能否在竞赛终取得好成绩至关重要。大学生机械设计竞赛答辩时,需注意以下事项:

1. 由于答辩时间相对较短,参赛者尽可能地将作品的特点、创新点表达清楚。一定要突出重点、条理分明,切忌面面俱到。

2. 理论答辩通常以 PPT 讲解为主,辅以图片、动画、录像等等,避免直接采用 word 文档,整版的、枯燥的文字往往不能引起评委的注意。

3. 在答辩过程中,尽量做到脱稿汇报,而不要照本宣科,否则会给评委留下不好的印象。

4. 答辩不仅是对学生理论知识掌握的考查,也是对参赛选手临场应变能力、口头表达能力等综合能力的测试,对评委的问题要积极回应,若不能正确回答,既不要闭口不言,更不能不懂装懂,蒙混过关,给评委留下不好的印象。

以探求真知为目标的答辩态度,会有利于答辩的成功。

5. 尽管答辩学生无法预料评委会提出什么问题,但事先为可能的提问做一些准备,是大有好处的,也是必要的。评委提出的问题是围绕作品展开的,所以,在准备准备答辩前,要有针对性。

6. 正式答辩前先练习,创造一个模拟答辩场所,请自己的同学担任答辩评委,锻炼自己的表达、应变等能力。

### 5.3.3　积极对待答辩

顺利通过理论答辩,得到评委认可并取得好的成绩固然是一个重要的目的,但不是我们的唯一目的。

1. 答辩是一个增长知识、开阔眼界的好机会。为了参加答辩,参赛选手在答辩前就要积极准备,对自己作品有一个全面的评价。这种准备的过程也是积累知识、增长知识、巩固知识的过程。另外,在答辩中,专家组成员也会就作品中的某些问题阐述自己的观点,或者提供有价值的信息。这样,学生又可以从答辩教师提供的信息中获得新的知识。

2. 答辩是学生展示自己的勇气、能力、智慧、口才的最佳时机之一。作品理论答辩也为以后的课程设计、毕业答辩做了一个很好的练习,不少同学第一次答辩,难免会紧张,但大家要克服怯场的心理,尽情展示自己。

3. 答辩是大家向评委学习的好机会。答辩委员会成员,一般是由较高水平的教师和专家组成,他们在答辩会上提出的问题往往会对参赛选手有一定的启发作用,通过提问和指导,学生就可以了解自己作品中存在的问题,为今后研究其他问题作参考。对于自己还没有搞清楚的问题,还可以直接请教老师,这对大家是一次很好的帮助和指导。

## 5.4　实物竞赛及其他

### 5.4.1　比赛注意事项

全国大学生机械创新设计大赛,按照作品功能,组委会会将作品分为几大类别,每个类别安排有专门的评委进行评审。评审过程中,要求参赛选手将作品的功能和创新之处展示给评委。由于时间较短(几分钟左右),就要求选手做好充分的准备,合理安排和利用好时间。完成一个作品大约要 3 个月左右,甚至更长,但表演时间仅有短短的几分钟,几分钟内不仅要介绍自己的作品(或使作品完成规定的动作),还要给评委留下深刻的印象,这就必须要求选手们精心准备,将作品完美地展现给评委和观众,并且注意以下几个问题:

① 充分准备。赛前一定要准备充分:充电器、电源、工具箱、备用的零部件等是否齐全;仔细检查控制线路,检查连接件是否松动。同时,比赛前还要保证充分的休息,以最好的状态迎接挑战。

② 满怀信心。不要怯场,尤其是第一次参加比赛的同学,紧张是难免的,但只要保持一个良好的心态,一定会取得预期的成绩。

③ 遵守规则。赛前一定要详细阅读竞赛规则,任何细节都不能马虎,否则会造成不必要的麻烦。

④ 避免失误。很多同学在比赛中过于紧张,出现了操作失误的情况,最好在比赛前期模拟比赛场景,多进行模拟训练,能够有效地避免类似情况发生。

⑤ 突发事件。要有应急措施,赛前做好充分准备,考虑可能出现的各种情况以及处理突发事件的方案。

⑥ 直面失败。大学期间,可能同学们只能参加一、两次这样的比赛,若操作失误而没有得奖,未免有些遗憾。但大家通过参加机械竞赛,掌握了知识、提高了能力才是最重要的。

⑦ 团队精神。队员间要团结、相互信任、相互尊重。参加机械竞赛的过程也是人际关系的学习过程,必须学习一些可以产生信任感的交流方法,而不能总是批评别人。在相互尊重的同时,学会掌握可以发挥创造力的交谈方法,无论在制作阶段还是比赛中间,大家都要分工合作,各尽所能。队员间团结一致才能得到理想的成绩。

## 5.4.2　参加机械设计大赛的真正意义

在参赛及制作过程中,同学们可以认识及掌握各种设计、加工方法,例如怎样设计加工齿轮,如何操作各种各样的机床等。在调试程序的过程中,由理论上升到了实践,真正地掌握了单片机、PLC 等控制部分的开发应用技术,并可以从中体会巨大的乐趣。

参加竞赛的过程实际上就是综合能力提高的过程。在竞赛中,我们掌握了很多知识,机械、CAD、加工工艺、电子、电路、控制、单片机、计算机等等,通过查阅外文的文献资料,还可以提高英语阅读水平,总之,通过参加机械设计大赛,同学们会感到收获颇多,终生受益。

总之,通过比赛,向其他参赛选手交流学习,得到了提高,增长了见识,这才是最重要的,也是我们开展机械设计竞赛的最终目的。

图 5-4　大学生机械设计竞赛比赛现场

图 5-5　大学生机械设计竞赛参赛选手

# 第6章 学生参赛理论方案选例

前面几章介绍了机械竞赛中关于理论和实物制作的有关内容，为了便于同学们撰写设计说明书，我们选择了几份较好的学生参赛方案供大家参考，以便加深大家的印象。为突出方案的构思和拟定，删减了其中的理论计算（注意，实际比赛中不能省略关键部分的计算说明）。相信这些理论方案书对同学们撰写课程设计说明书以及毕业论文也有一定的帮助。

## 6.1 海底探宝车

### 一、设计题目（详见附录1）

### 二、原理方案的构思和拟订

**1. 探宝车总体结构简图**

针对题目要求，设计了两节同步带式探宝车，这种机构结构简单、成本低、装配方便，实践证明能够实现预期功能。总设计图如图 6.1-1 所示。

**2. 采用两节同步带车上下楼梯**

双面同步带具有传动效率高、摩擦力大等特点，适合探宝车爬楼梯时需要较大摩擦力的要求。探宝车行进时，辅以车体前节的抬举或下压，有效地改变车体重心的位置，实现快速上下楼梯。

同步带车还具有装卸方便、快速等优点，利于调试、维护和检修。

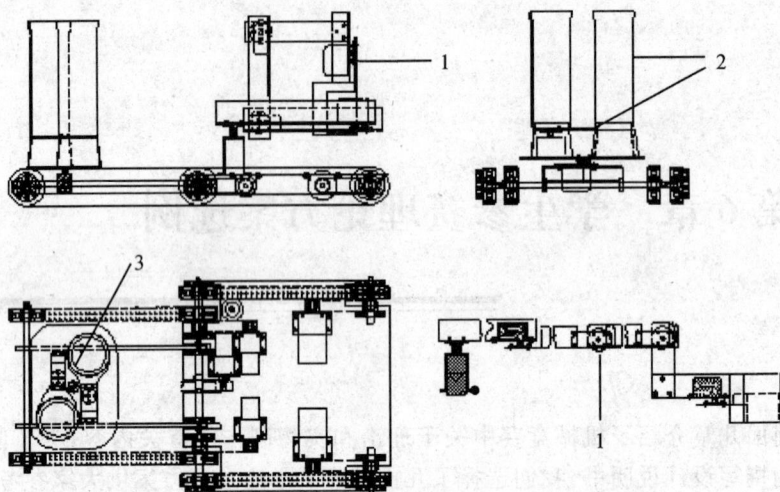

1. 手臂　2. 双喇叭套筒　3. 载物台

图 6.1-1　探宝车总体设计

**3. 采用电机、舵机控制机械手臂取环**

本次竞赛题目对机械手臂的精确定位提出了很高的要求。由于舵机具有精确定位能力,能使手臂能准确到达预期位置,因此采用舵机控制手臂。电机扭矩大,速度可选范围大,选取合适的电机,可以减少取环、存环的时间,提高探宝车的工作效率。

**4. 采用双喇叭套筒储环、套环**

采用两个套筒存储圆环。套筒上下部分均为喇叭口,上喇叭口可大大降低机械手存放圆环时的难度并减少定位时间;套筒连同 PVC 圆环一起套入木桩,可减少套环的次数;而采用下喇叭口能提高套环的准确度,降低定位难度,缩短套环时间。

## 三、原理方案的实现、传动方案的设计

### 1. 下楼梯

探宝车下楼梯过程如图 6.1-2、6.1-3、6.1-4、6.1-5 所示。

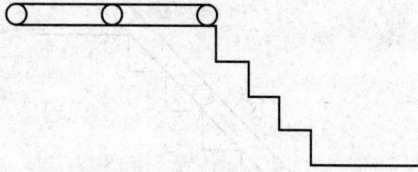

图 6.1-2　车身展平,准备下楼梯

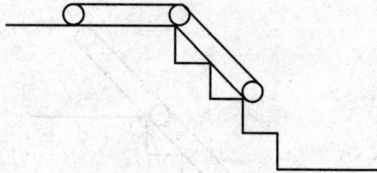

图 6.1-3　翻转电机动作,使前节与台阶贴紧

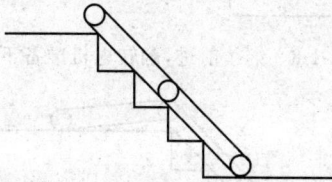

图 6.1-4　探宝车前进并继续调整翻转电机,使整个车身与台阶贴紧

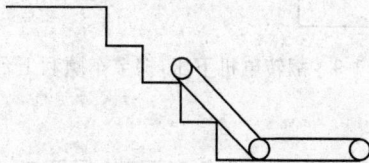

图 6.1-5　配合翻转电机与行走电机动作,探宝车顺利下楼梯

## 2. 上楼梯

探宝车上楼梯过程如图 6.1-6、6.1-7、6.1-8、6.1-9 所示。

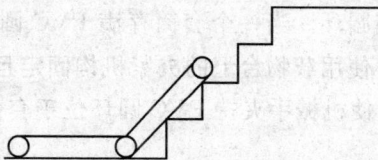

图 6.1-6　翻转电机动作,使前节抬举并与台阶贴紧

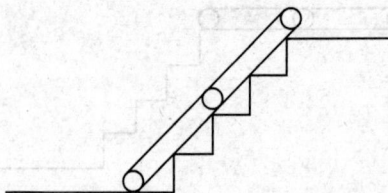

图 6.1-7    探宝车前进且前节下压,使车身成直线型

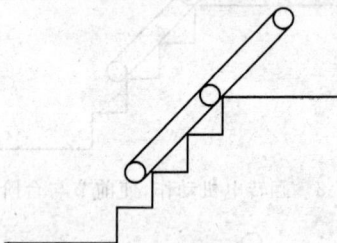

图 6.1-8    继续前进,翻转电机准备下压

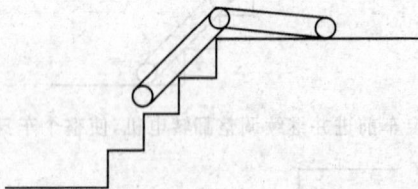

图 6.1-9    翻转电机下压,探宝车顺利上台阶

### 3. 取环

通过对机械手臂一、二两部分的角度调整,展开三、四部分,可以分别抓取距离在 200mm、400mm 和 600mm 的圆环,如图 6.1-10 所示。图中小圆圈表示电机或舵机。

### 4. 储环

采用两个套筒存储圆环。当一个套筒存满 PVC 圆环后,旋转载物台,手臂向另一个套筒存环。使用载物台上的夹紧机构固定且精确定位套筒。通调整手臂(如图 6.1-11 ),使机械手夹持 PVC 圆环位于套筒的正上方,松开机械手,PVC 圆环落入筒中。

### 5. 套环

套环时只要将装满 PVC 圆环的套筒对准木桩,即可一次实现五个圆环同时套入。合理地设计套筒,解决了圆环逐个套入耗费时间过多的问题,而且提

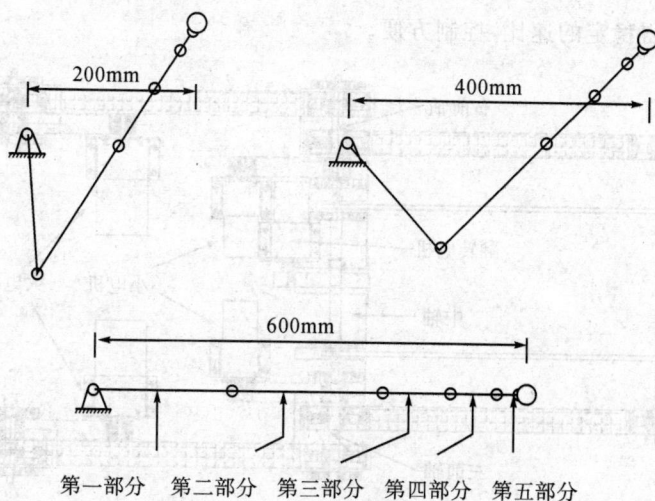

第一部分　第二部分　第三部分　第四部分　第五部分

图 6.1-10　手臂抓取圆环示意图

高了套环成功率和准确度,大大提高了探宝车的工作效率。

套环动作:套环时,机械手臂抓取装满圆环的套筒,通过手臂的调整(如图 6.1-11),夹持套筒达到木桩上方,此时允许前后左右存在一定误差,但木桩边沿不超出喇叭口覆盖区域即可。张开机械手,套筒即对准木桩连同圆环一起套入木桩,完成套环动作。

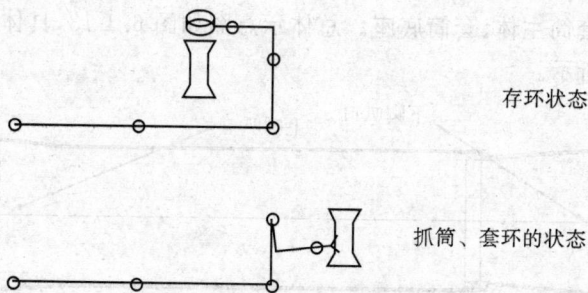

存环状态

抓筒、套环的状态

图 6.1-11　手臂动作状态示意

### 6. 传动方案

探宝车行走部分分前后两节,采用后轮驱动,一对大电机为后节提供驱动力,一对小电机驱动前节,一个翻转电机负责前节的抬举、下压。前后节均采用后轮驱动,具体结构如图 6.1-12 所示。

同步带传动具有准确的传动比,且双面同步带与其接触面能产生较大摩擦力,能获得稳定的速比,控制方便。

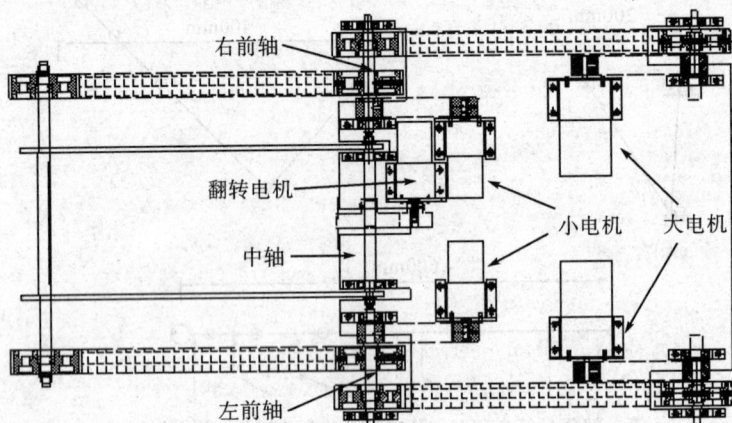

图 6.1-12　探宝车行走部分结构示意图

## 四、关键技术的分析与实现、主要结构的设计简图

### 1. 套筒

套筒总长度为 200mm,并带有两个喇叭口,为了降低加工难度,把它分成两部分加工:套筒主体、套筒底座。总体示意图如图 6.1-13,具体结构如图 6.1-14、6.1-15 所示。

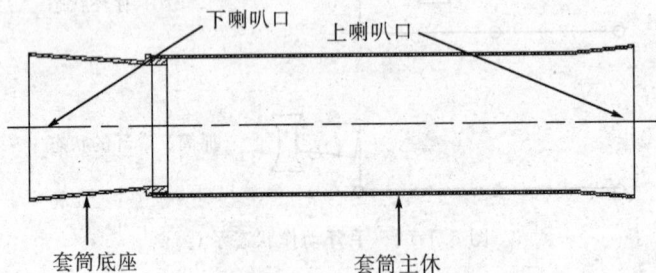

图 6.1-13　套筒总体示意图

设计两个喇叭口,不但降低了存环、套环的定位难度,而且提高了存环、套环的定位精度。

如下图所示,上喇叭口的设计为了使 PVC 圆环容易放入套筒内,而下喇

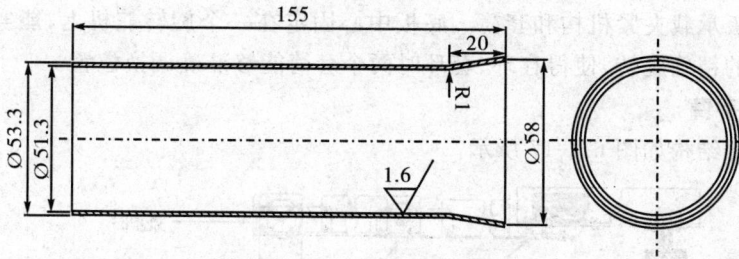

图 6.1-14　套筒主体示意图

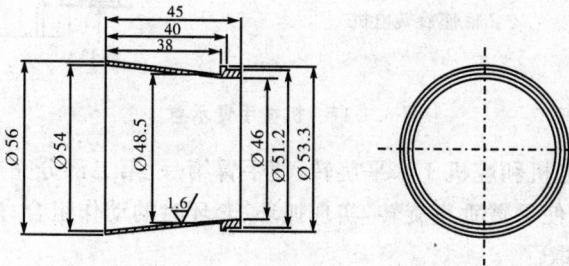

图 6.1-15　套筒底座示意图

叭口的功能则是为了更轻松的套环,套环时套筒连同圆环一起套入木桩。套桶放置在载物台上,并由夹紧机构可靠定位和固定。

**2. 载物台**

载物台由两个夹紧机构、一个旋转机构和一块底板组成。具体结构如图 6.1-16 所示。

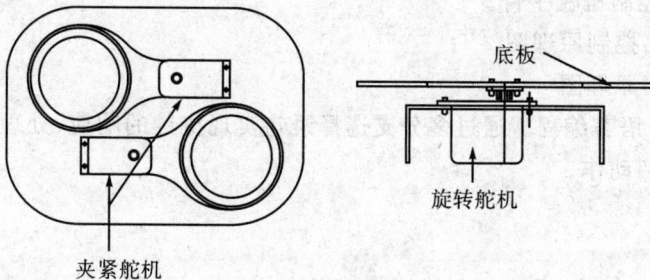

图 6.1-16　载物台示意图

夹紧机构将套筒夹紧,使套筒在上下楼梯时不至倾覆,同时在存取圆环时起到精确定位的作用。夹紧机构由铝片手工制作,与套筒底座具有相同锥度,保证夹紧套筒。夹紧机构的动力由夹紧舵机提供。

底板承载夹紧机构和套筒。底板中心固定在一个旋转舵机上，能实现水平方向的精确旋转，使得存环、套环时两个套筒能够准确调换位置。

**3. 手臂**

手臂结构如图 6.1-17 所示。

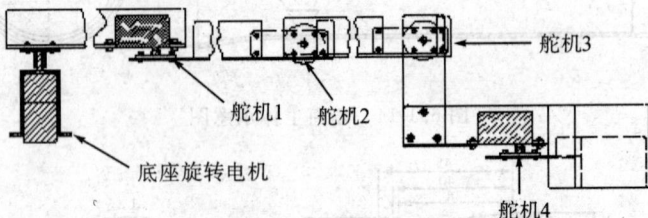

图 6.1-17　机械手臂示意

底座旋转电机和舵机 1 水平旋转，使手臂第一、第二部分完成水平角度的调整；舵机 2、3 使手臂垂直旋转，实现抓环、套环时的动作组合；舵机 4 完成对 PVC 圆环的夹取。

手臂在完全展开的状态下长达 703 mm，同时具有 4 个自由度，可以获取距离为 200mm、400mm、600mm 的圆环。

此外，机械手还有定位功能，机械手向套筒内放入圆环时，机械手右侧只要接触到套筒喇叭口下侧，即可将圆环准确放入套筒。

**4. 控制部分**

采用了两套电路板（每套包括一块主电路板和一块控制板），一套控制探宝车，一套控制机械手臂。

① 电路控制原理图

② 程序原理图

使用 C 语言编程。通过多分支选择语句实现按键的响应，处理对应的函数，完成预期动作。

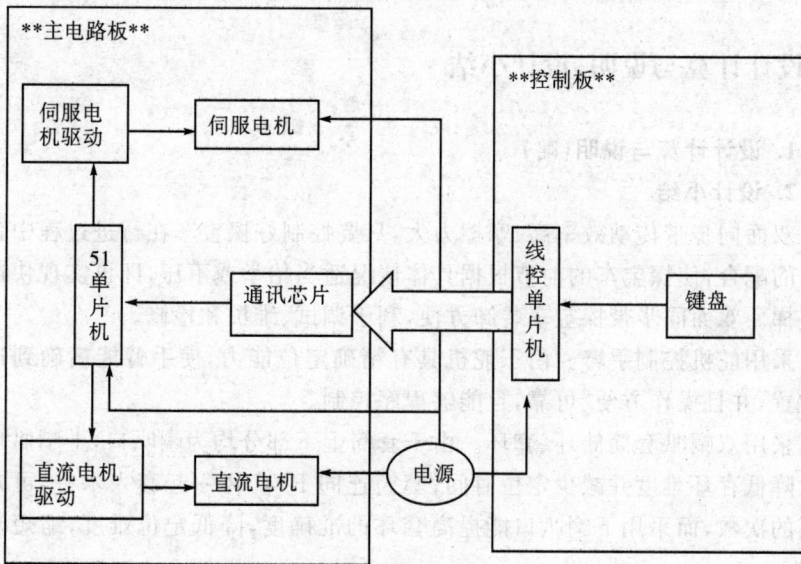

图 6.1-18　电路控制原理图

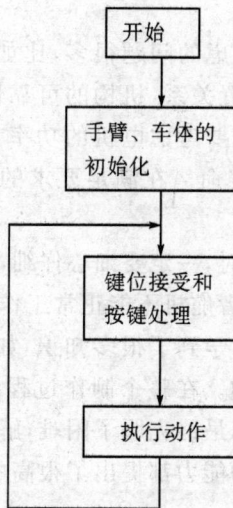

图 6.1-19　程序原理图

## 五、设计计算与说明、设计小结

### 1. 设计计算与说明（略）

### 2. 设计小结

双面同步带传动效率高、摩擦力大，只要控制好探宝车在行进过程中各个电机的配合，使探宝车的前节根据具体情况适当抬举或下压，即可实现快速上下楼梯。双面同步带探宝车装卸方便，利于调试、维护和检修。

采用舵机控制手臂。由于舵机具有精确定位能力，使手臂能精确到达预期位置，并且操作方便、可靠，且能够程序控制。

采用双喇叭套筒储环、套环。由于套筒上下部分均为喇叭口，上喇叭口可大大降低存环难度并减少定位时间；套筒连同 PVC 环一起套入木桩，可减少套环的次数，而采用下喇叭口能提高套环的准确度，降低定位难度，缩短套环时间。

上述特点效率较高，可靠性好，能够完成竞赛题目规定的各个动作和任务。

在设计探宝车时，需要考虑的问题很多，比如零部件的受力分析、材料的强度、重量，各个零部件的位置关系，机构的可靠性、可行性，电子元器件的抗干扰性等等。选择电机时，既要考虑电机的功率、电流、电压、成本、还要考虑它的安装尺寸、体积、重量、寿命。在满足要求的条件下，各项指标尽可能地小。

在焊接电路板和遥控板时，一定要细心仔细，否则可能造成某些不为接触不良、甚至短路，使得电机或者舵机不能正常工作。

在探宝车的制作过程中，学到了很多知识，如机械、CAD、加工工艺、单片机等等，并从中体会到了乐趣。在整个制作过程中，我们遇到了很多的问题，通过老师的指导和自身努力，最终克服了困难，解决了难题。本次比赛对我们的动手能力、应用理论知识的能力都提出了很高的要求，是一次难得的锻炼机会。

# 6.2　解救人质机器人

## 一、设计题目(详见附录1)

## 二、原理方案的构思和拟订

### 1. 机器人总体结构简图

针对题目要求,设计了同步带式解救人质机器人,这种机构结构简单、成本低、装配方便,实际证明能够实现预期功能。总设计图如图 6.2-1 所示,直流电机驱动同步带轮,两条双面同步带与地面接触,双面同步带摩擦力大,通过控制两个驱动电机的正反转组合,可以很方便地实现机器人的前进、后退、左转、右转。

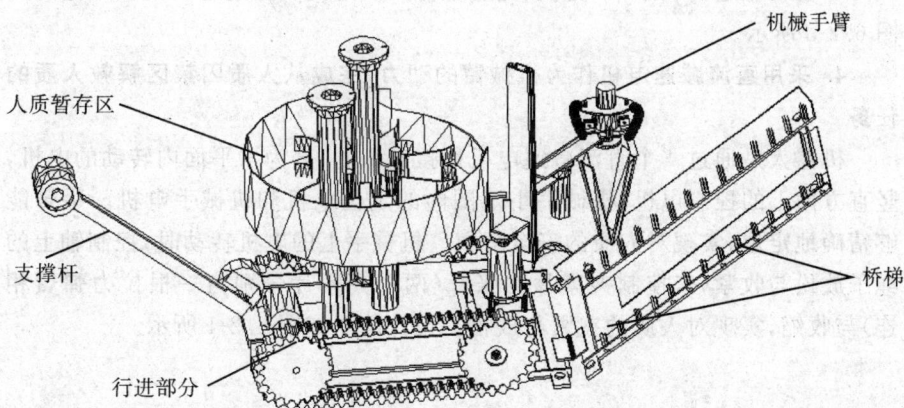

图 6.2-1　机器人总体示意图

### 2. 采用辅助桥梯跨越壕沟、翻越隔离墙

该方案结构简单,辅助桥梯分为两节,可靠性较高,容易操作,而且可重复利用,不仅在跨越壕沟时起了桥梁的作用,在随后翻越隔离墙时又是必须的梯子。这样,机器人便可以自如地行进在隧道、壕沟、隔离墙之间。实践证明这种设计效率高,大大节约了时间。桥梯的设计简图如图 6.2-2 所示。

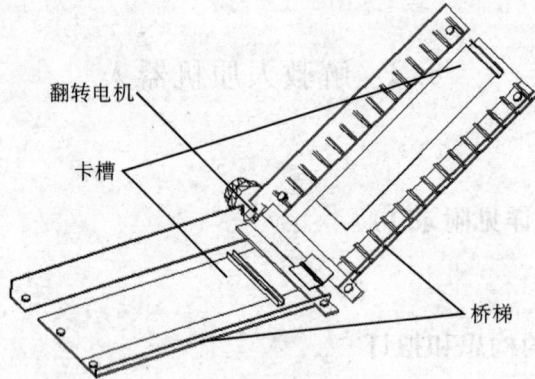

图 6.2-2　桥梯设计图

**3. 采用丝杠升降人质暂存区**

在人质安全通道处，机器人通过丝杠的升降，将人质解救进安全通道。具体做法是，采用一个电机驱动两根丝杠，保证它们同时上升，完全同步。电机驱动一个大齿轮，由大齿轮啮合两小齿轮来实现丝杆的同步升降。使得机器人可以在较稳定的状态下，更快、更稳地将人质送到安全通道口。设计简图如图 6.2-3 所示。

**4. 采用直流减速电机作为机械臂的动力，完成从人质囚禁区解救人质的任务**

机器人是通过 4 个直流减速电机衔接起来的，分为水平面内转动的电机，竖直方向上的控制电机，机械手小范围内的定位电机和机械手电机。手臂能够精确地定位，实现对人质的安全解救。机械手上的电机转动时，控制轴上的绳子放松与收紧，来控制夹紧片的张开（两个夹紧片分别与一根拉力弹簧相连）与收缩，实现对人质的夹紧与放松。设计简图如图 6.2-4 所示。

小齿轮

大齿轮

电机

顶盖

丝杆

管子

绳子

人质暂放区

套筒

螺母

管子

围栏

转页

同步带

螺母

丝杠

小齿轮

大齿轮

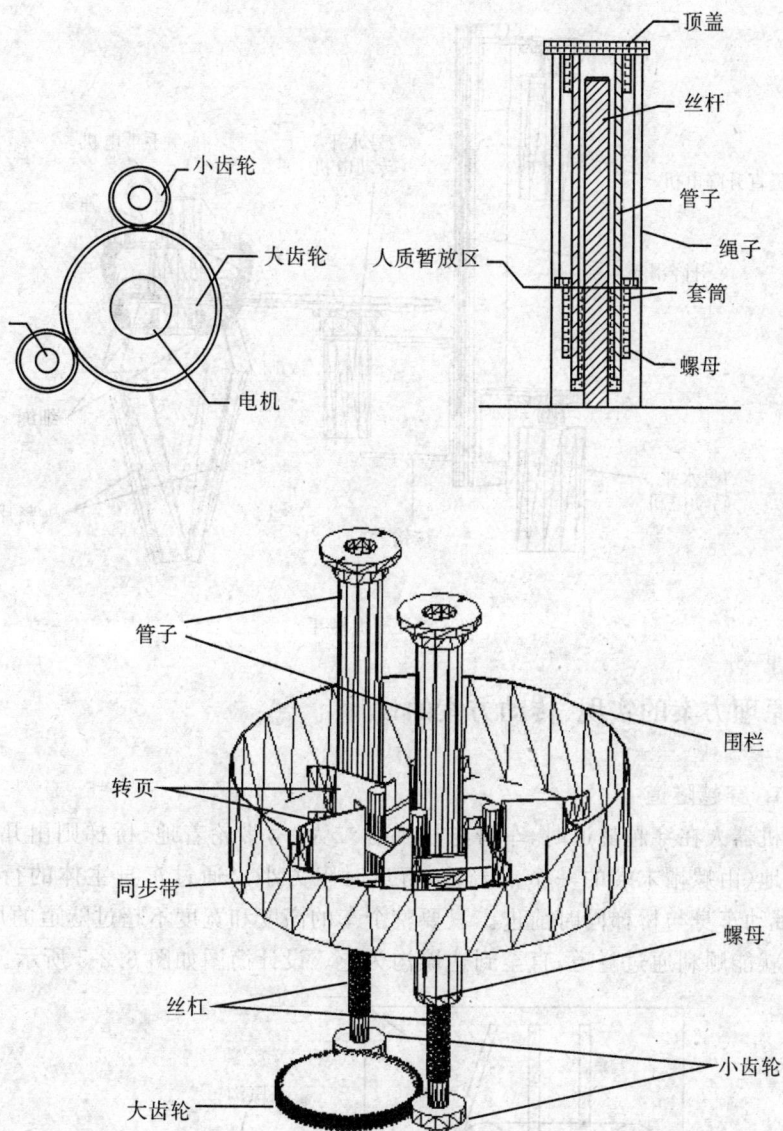

图 6.2-3　人质暂存区及升降机构

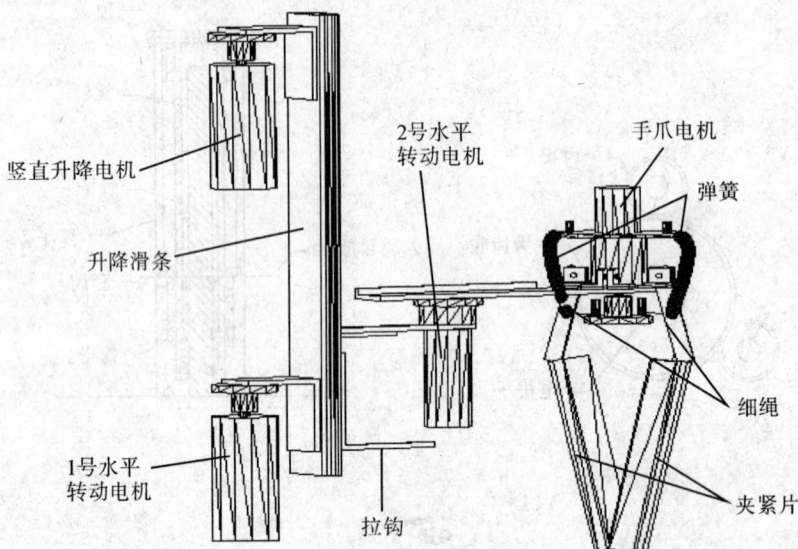

图 6.2-4 机械手

## 三、原理方案的实现、传动方案的设计

### 1. 穿越隧道

机器人在穿越隧道时,车身与桥梯合二为一,带轮着地,桥梯则由几个螺帽着地(由螺帽末端的一个点着地,行进时阻力小),通过车身主体的行进电机,带动车身与桥梯同时前进。只要整个车的高度和宽度不超过隧道的尺寸,车身就能顺利通过隧道,直至到达壕沟为止。设计简图如图 6.2-5 所示。

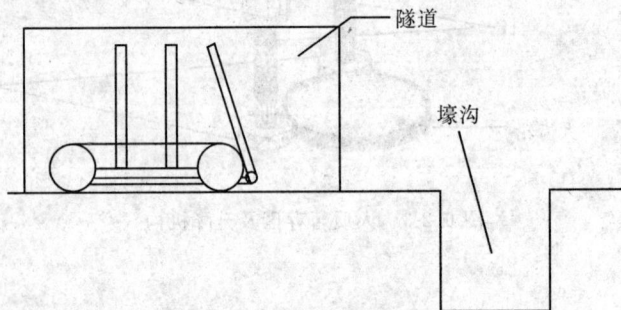

图 6.2-5 穿越隧道准备跨越壕沟

### 2. 跨越壕沟

车身主体与桥梯的相对位置是通过一个卡位机构来控制的。通过机械臂的升降，卡位机构可以卡紧或松开桥梯，跨越壕沟后，马上收桥变梯。机器人行至壕沟时，车体调整到合适的位置，通过桥梯上的翻转电机将桥的一节缓缓放下，小车配合桥梯一起前进，直到搭桥成功。此时，通过升高机械臂，使机械臂上的拉钩拉起卡位机构，将车身和桥梯脱离。车身继续前进一段距离，放下机械臂，卡位机构通过压力弹簧自动复位。车身继续前进，卡位机构通过桥梯上特别设计的小斜坡自动卡入桥梯上的卡槽，此时车身与桥梯又合二为一。设计简图如图 6.2-6 所示。

### 3. 收桥变梯

机器人跨越壕沟后，准备架梯。车身行进至隔离墙边，转动车身至合适位置，通过翻转电机将桥梯的一端架在墙上。然后松开卡位机构，使车身和桥梯分离。车身完全退出桥梯，然后在梯的另一端轻推，配合桥梯的翻转，很快将梯子架上隔离墙，使桥梯的两节分别架在隔离墙的两边。设计如图 6.2-7 所示。

### 4. 从囚禁区解救人质

架好云梯后，机器人行至人质囚禁区。通过调节水平转动电机，使机械手移到人质上方，升降电机将手臂降下一段距离，通过水平微调电机调整机械手的位置，准备抓取人质。收紧机械手上的夹紧片，夹紧人质后，升起机械臂，将人质安全放至车身上的人质暂存区。人质暂存区旋转，留出空位，准备迎接下一个人质，如此循环，直至解救完毕全部的 5 个人质。设计简图如图 6.2-8 所示。

### 5. 传动方案

机器人采用一节同步带行走机构，主动轮直接与直流驱动电机连接，这样同步轮驱动效率较高，车身主体非常简单，装配调试方便。

同步带传动具有准确的传动比，且双面同步带与其接触面能产生较大摩擦力大，控制方便。其结构简图如图 6.2-9 所示。

桥梯

机器人

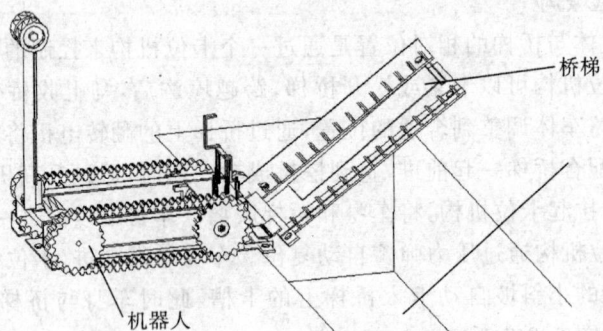

（1）放下桥梯，准备过沟

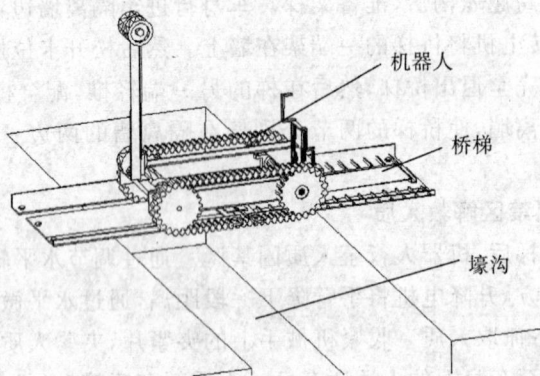

机器人

桥梯

壕沟

（2）搭好桥梯，顺利过沟

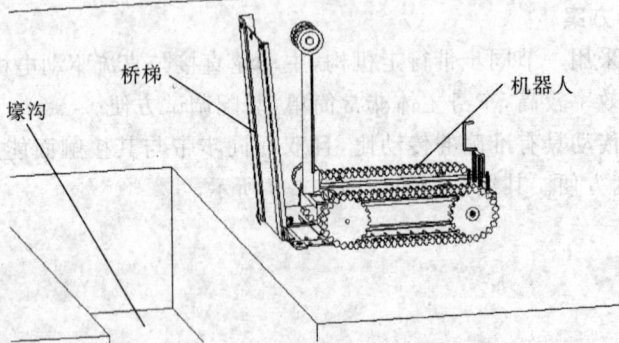

桥梯

机器人

壕沟

（3）成功跨越壕沟，收起桥梯

图 6.2-6　跨越壕沟

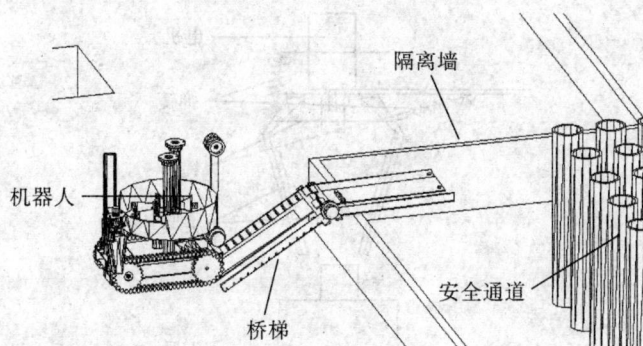

隔离墙

机器人

桥梯

安全通道

（1）机器人搭好梯子，准备翻墙

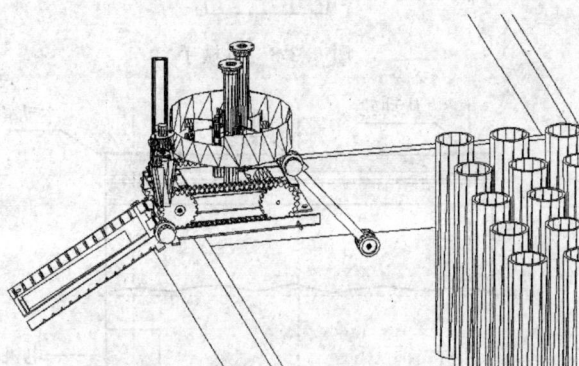

（2）机器人沿着梯子向上爬

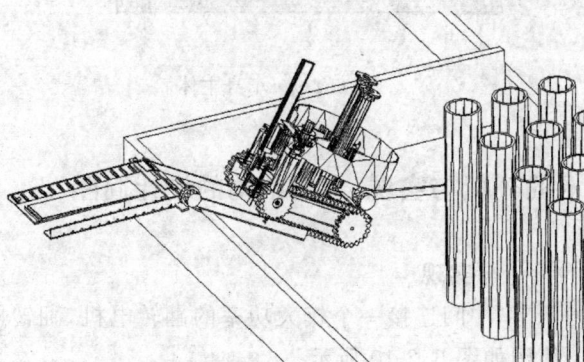

（3）顺利翻过隔离墙

图 6.2-7　翻越隔离墙

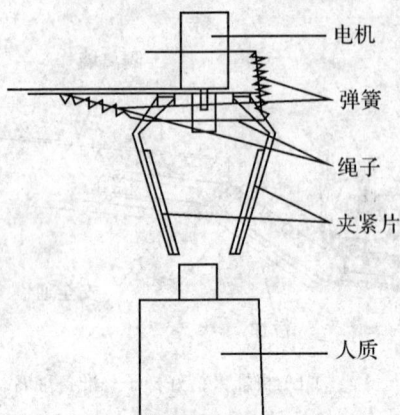

图 6.2-8　机械手

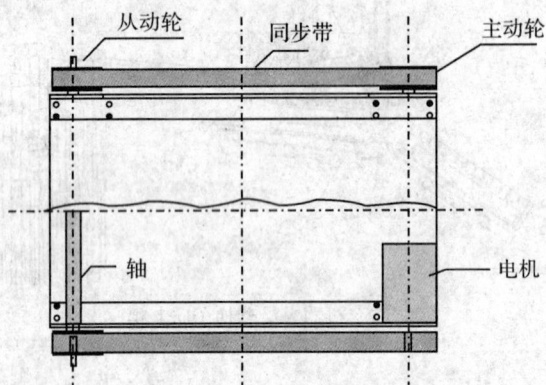

图 6.2-9　车身主体

## 四、关键技术的分析与实现、主要结构的设计简图

### 1. 桥梯的设计与实现

桥梯分为两节,中间连接一个较大功率的翻转电机,翻转电机提供放桥、收桥的动力。简图如图 6.2-10 所示。

由于桥梯与主车身是分离的,即桥梯的行进是由车身主体驱动的,于是设计了一个灵活的、可以重复使用的卡位机构。即在桥梯上设计一个用于卡位的凹槽,而相应的车身主体上设计一个可以升降的卡条。卡紧或脱离动作全部由机械臂的升降来控制。其简图如图 6.2-11 所示。

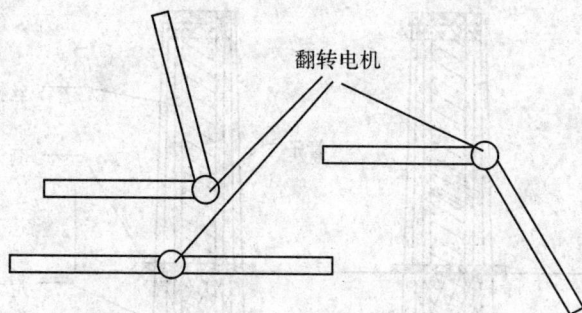

图 6.2-10 桥梯及安装在桥梯上的翻转电机

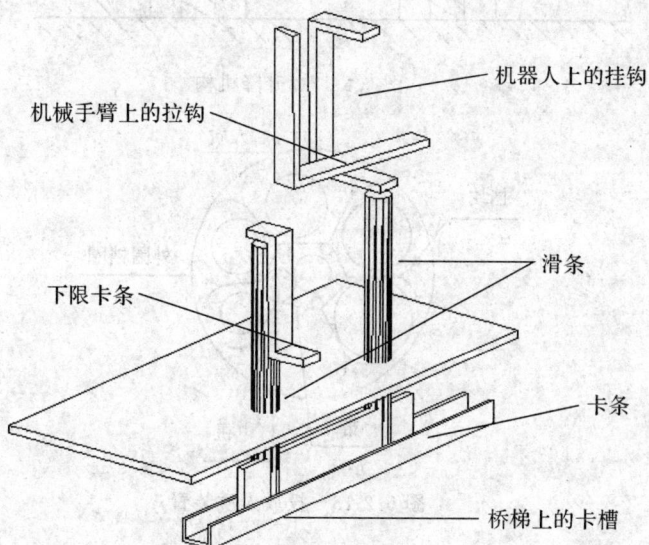

图 6.2-11 卡位机构

## 2. 人质暂存区的升降装置及人质的储存机构

通过丝杠的升降来控制人质距离安全通道的高度。为了使人质在车上的初始位置降到最低,采用绳传动来协助其升降,既方便机械臂的设计与安装,也可使手臂在抓放人质时更为稳定。设计简图如图 6.2-12 所示。

人质被解救后将被安放在一个较为安全的地带(人质暂存区),通过一个电机逐个推动每个人质,为下一个人质留出空间。这种设计使得操作比较简单、准确。设计简图如图 6.2-13 所示。

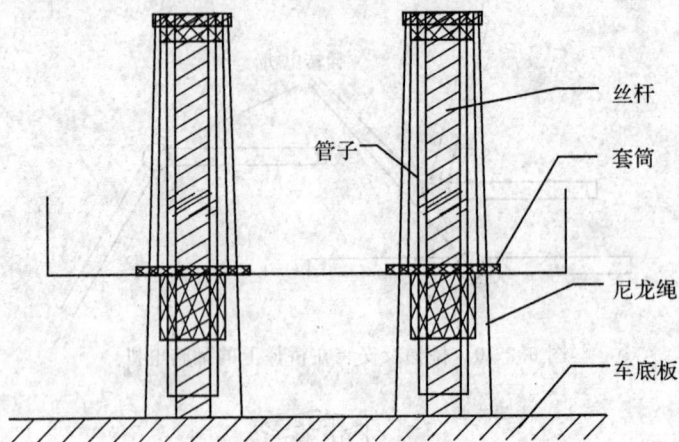

图 6.2-12　升降机构

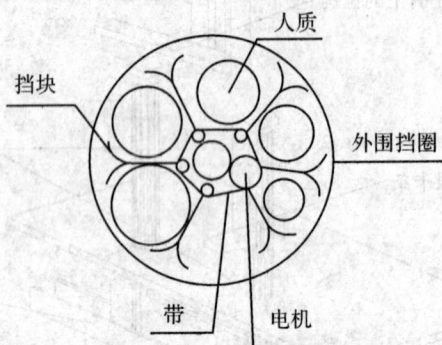

图 6.2-13　投放人质装置

## 五、相关计算(略)

## 六、设计小结

　　辅助桥梯式机器人结构简单、成本低、装配方便,实际证明能够完成本次竞赛的各项任务。辅助桥梯不仅能够帮助机器人安全的跨越壕沟,而且在翻越隔离墙时也起到了举足轻重的作用,可以帮助机器人平稳地跨越壕沟,顺利地翻越隔离墙。机器人的机械手臂可以精确定位,实现对各个大小不一的人质的抓取。

本次设计能够顺利地完成竞赛规定的各个动作,没有复杂的机构和复杂的元器件,大部分的零件都是我们手工加工完成的。

团队合作非常重要,在整个过程中总是不可避免地会碰到种种困难,三人之间总会有所分歧,而分歧带来了更多的创意。虽然大家会保留各自的意见,工作时还是会拧成一股力量往一个方向进行。在参加竞赛的过程中,我们碰到了很多问题,在老师的帮助下,最终都得到了解决。

通过本次的训练,掌握了很多知识,如机械加工、CAD 绘图、制造工艺、电路、单片机、计算机等等,通过参加大学生机械设计大赛,我们得到了真正的提高。

## 七、参考文献(略)

## 八、设计装配图、零件图(略)

## 九、效果图

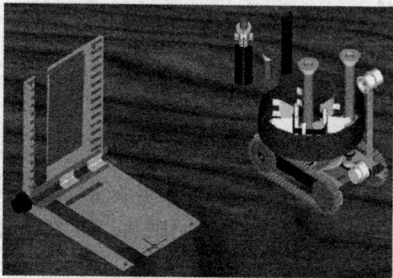

图 6.2-14 机器人效果图

# 6.3　多功能垃圾清洁车

## 作品内容简介

通过对街道、马路上垃圾清扫、储存全过程的观察，我们了解到，目前对垃圾的清扫、存储还存在一定的局限性，尤其是效率比较低，远没有达到人们的要求。为此，我们设计了便捷街道清洁车，它将车、扫把、畚箕、垃圾桶、旋转清洁转盘等结合为一体。这种垃圾车集垃圾的清扫、回收、储存及地面粘附物的清除于一体，实现了对垃圾从清扫到储存的连续性。垃圾车上装有一个旋转清洁转盘，可以清除普通扫把无法清除的地面粘着物，旋转清洁转盘与地面充分接触后旋转，使粘着物脱离地面。作品实现了对街道、马路上垃圾清扫的连续性，且提高了清扫垃圾的效率。

清洁车由齿条带动主动齿轮的转动产生动力，通过主动齿轮的换档传送到两个从动齿轮上，从而带动清扫装置1(扫把)或清扫装置2(旋转清洁转盘)使整个装置正常工作。

## 1. 研制背景及意义

由于人们生活水平的不断提高，要求快速处理生产生活中产生的大量垃圾，保持环境清洁。目前，垃圾清扫都是用扫把将垃圾扫到畚箕内，然后集中倒入垃圾车里面(如图6.3-1所示，图示为目前使用率较高的扫把、畚箕以及垃圾车)。这样的清扫方法存在着很多局限性，如效率比较低，无法实现垃圾清扫回收一体化。为此我们设计了便捷街道清洁车。

图 6.3-1　传统清洁工具

# 2 设计方案

## 2.1　总体设计

车身的大小对于清除垃圾的速度及存放垃圾的容量有很大的影响。车身太大的话显得比较笨重,行驶不便;但太小的话会影响垃圾的存储量。清扫车的底板下面装有四个万向轮,可以很方便地控制其行驶方向。车身整体设计如图 6.3-2 所示。

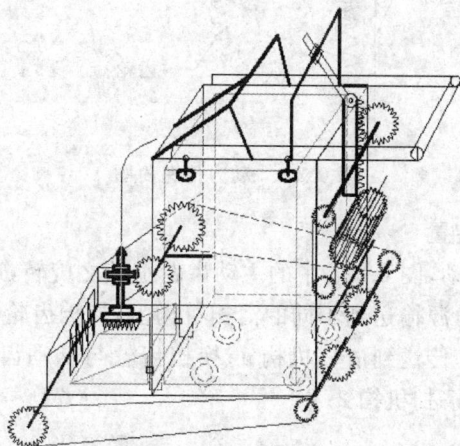

图 6.3-2　清洁车总体设计图

旋转扫把将洒落在地上的普通垃圾扫入畚箕,清洁转盘完成清扫粘地垃圾功能；提升畚箕，将临时收集的垃圾倒入垃圾存储箱；换挡拉杆具有换挡功能，针对不同类型的垃圾，对应不同的档位，能够很好地完成垃圾清扫任务。

## 2.2　传动设计

传动部分包括动力装置、传送装置、换挡装置和执行装置四个部分。下面分别对这四个部分进行详细说明。

### 2.2.1　动力装置与传送装置

如图 6.3-3，扶手下压时，齿条向下运动，带动齿轮旋转产生动力，齿轮旋转的同时也带动图 6.3-4 的链轮旋转，再通过链条的连接将此动力传送到换挡装置，最后传送至清扫机构。动力产生装置上还有一个压杆连接螺柱和高度调节螺母，根据清洁人员的身高不同，可以通过调整高度调节螺母来升高或降低扶手的高度。

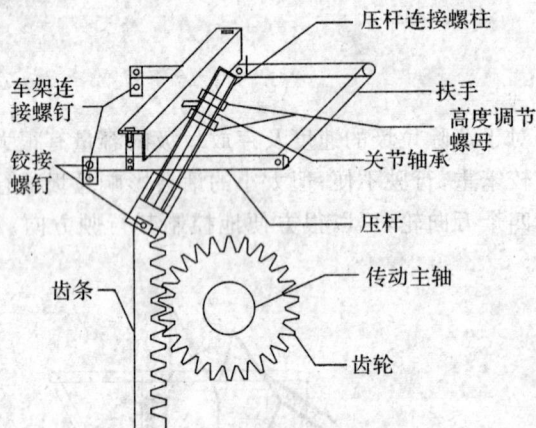

图 6.3-3　动力传递简图

### 2.2.2　换挡装置

经过链条的传动，图 6.3-5 中的主动齿轮也随之旋转，通过调节换挡齿轮的位置，可以将动力源输送到不同的清扫机构上：换挡齿轮与从动齿轮 1 啮合时，动力通过链轮 1 传送到清扫机构 1；换挡齿轮与从动齿轮 2 啮合时，动力通过链轮 2 传送到清扫机构 2。

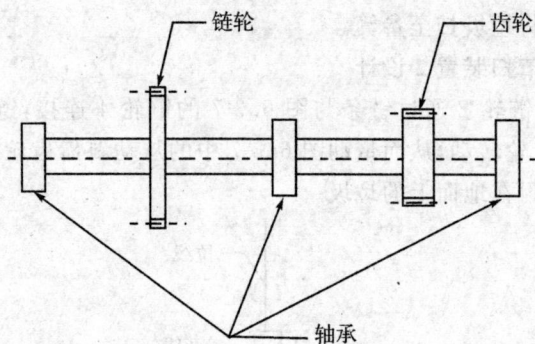

图 6.3-4　传力主轴

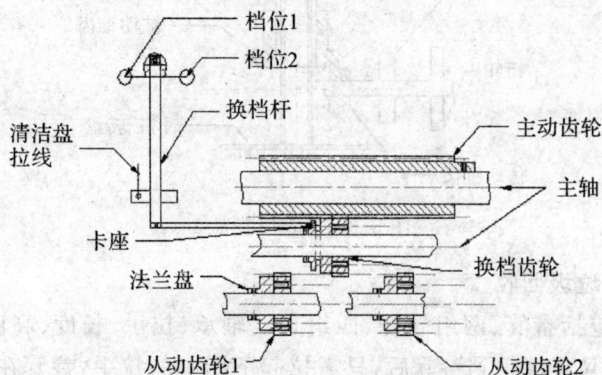

图 6.3-5　换档装置

### 2.2.3　执行装置

#### 2.2.3.1　清扫装置 1 的设计

图 6.3-5 的链轮 1 通过链条与图 6.3-6 的链轮 3 连接,当换档齿轮与从动齿轮 1 啮合时,从动齿轮 1 带动链轮 3 旋转,并带动链轮使扫把单向旋转,完

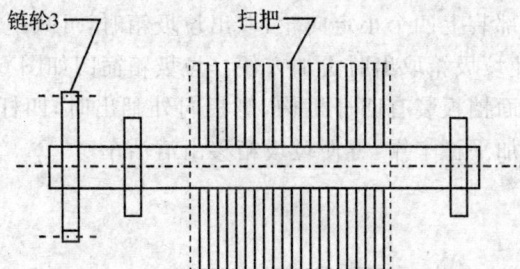

图 6.3-6　清扫装置 1

成清扫动作,并将垃圾扫至畚箕。

### 2.2.3.2　清扫装置 2 设计

图 6.3-5 的链轮 2 通过链条与图 6.3-7 的链轮 4 连接,链轮 2 经过链轮 4,带动主动斜齿轮转动,从而带动图 6.3-7 中的从动斜齿齿轮,使清洁转盘单向旋转,清除粘附在地面上的垃圾。

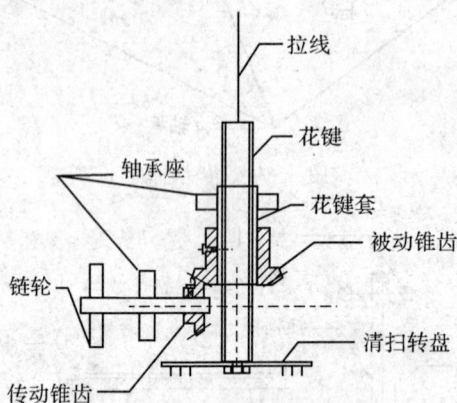

图 6.3-7　清扫装置 2

### 2.2.4　垃圾回收

此部分包括畚箕、两组导杆、四组直线轴承、拉手、长度、高度调节片等。如下图所示,垃圾清扫到畚箕后,只需拉起下图中的拉手,畚箕在拉线的牵引下便会沿着导杆上升,畚箕上升至高度调节片处,继续拉动拉手,畚箕就会向垃圾箱内翻转,将垃圾倾倒至垃圾箱内,完成垃圾的转移储存。考虑到不同操作人员身高的差异,在斜向导杆上设计了一个长度调节片,配合竖直导杆上的高度调节片和滑轮组,即可以满足不同操作人员的具体要求。

## 2.3　垃圾箱取出与存放设计

在垃圾箱底部装上四个小定向轮,取出垃圾箱时,可减小箱体与底板和侧面挡板的摩擦,使垃圾箱取出时更加方便。垃圾箱简图如图 6.3-9 所示。

清洁车的侧面挡板装有四杆机构,侧板向外翻出时,四杆机构支持地面,使侧面放平时更加平稳牢靠,方便垃圾箱移出清洁车。

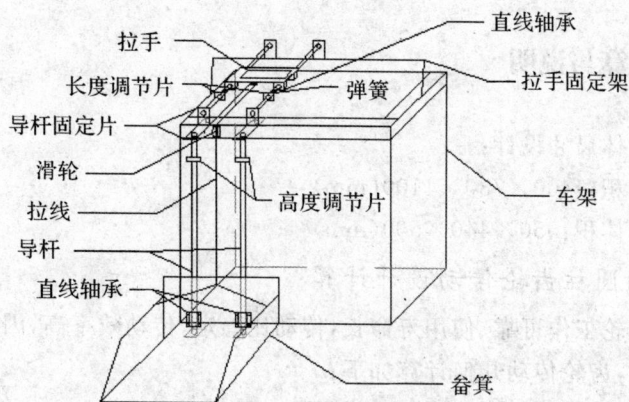

图 6.3-8　垃圾回收装置

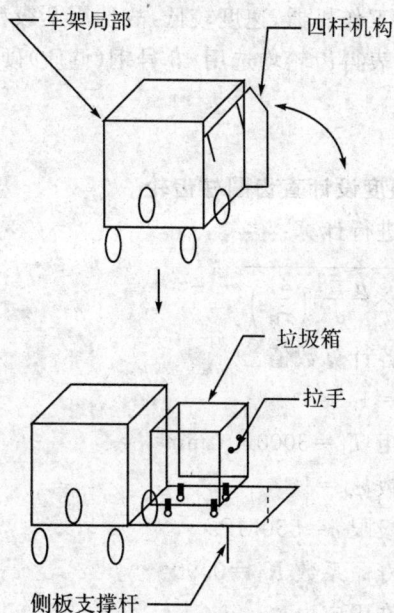

图 6.3-9　垃圾箱出车示意图

## 3. 设计计算与说明

车身主体尺寸设计：

车身体积：$1400 \times 730 \times 1100$(mm)

垃圾箱体积：$550 \times 440 \times 500$(mm)

### 3.1　直齿圆柱齿轮传动设计计算

由于齿轮工作可靠、使用寿命长，传动比稳定，传动效率高，因此本设计选用齿轮传动，齿轮传动几何计算如下：

**一、选定齿轮类型，精度等级，材料及齿数**

1. 根据传动方案的设计，选用直齿圆柱齿轮传动

2. 清洁车为一般工作机器，速度较低，故选用 8 级精度(GB10095－18)

3. 材料选择。查表得齿轮均选用 45 号钢(调质)硬度 240HBS

4. 传动比：$i = 1$

5. 齿轮齿数 30

**二、按齿面接触强度设计直齿圆柱齿轮**

由设计计算公式进行计算：

$$d_1 \geqslant 2.32 \sqrt[3]{\frac{KT_1}{\varphi_d} \times \frac{\mu \pm 1}{\mu} \left(\frac{Z_E}{\sigma_H}\right)^2}$$

1. 确定公式内的各计算数值

1) 选载荷系数 $K = 1.3$

2) 齿轮传递的转矩 $T_1 = 3000\text{N} \cdot \text{mm}$

3) 查表得齿宽系数 $\varphi_d = 1$

4) 齿轮接触强度极限 $\sigma = 550\text{MPa}$

5) 选取接触疲劳寿命系数 $K_1 = 0.90$

6) 计算接触疲劳许用应力

取安全系数 $S = 1$

$$[\sigma] = \frac{K_1 \times \sigma}{S} = 0.9 \times 550\text{MPa} = 522.5\text{MPa}$$

查表，得出材料的弹性硬性系数 $Z_e = \sqrt{189.8\text{MPa}}$

2. 计算

1) 计算齿轮分度圆直径 $d$

$$d \geqslant 2.23 \times \sqrt[3]{\frac{KT_1}{\varphi_d} \cdot \frac{(\mu+1)}{\mu} \cdot \left(\frac{Z_e}{\sigma_H}\right)^2}$$

$$= 2.32 \times \sqrt[3]{\frac{1.3 \times 3000 \times 2 \times 189.8 \times 189.8}{522.5 \times 522.5}} \text{mm}$$

$d \geqslant 23.42 \text{mm}$

2）计算圆周速度 $\nu$

$$\nu = \frac{\pi d n}{60 \times 1000} = \frac{\pi \times 23.42 \times 50}{60 \times 1000} = 0.0613 \text{m/s}$$

3）计算齿宽 $b$

$b = \varphi_d \times d_{1t} = 2 \times 23.42 = 23.42 \text{mm}$

4）计算齿宽与齿高之比 $\dfrac{b}{n}$

模数　　$m_1 = \dfrac{d_{1t}}{z_1} = \dfrac{23.42}{30} = 0.781 \text{mm}$

齿高　　$h = 2.25 \times 0.781 = 1.757$

5）计算载荷系数

根据 $\nu = 0.0613 \text{m/s}$，8 级精度，查表得动载荷系数 $k_\nu = 1.12$

直齿轮 $k_{Ha} = k_{Fa} = 1$

使用系数 $k_A = 1$　　$k_{H\beta} = 1$

即载荷系数 $k = k_a \times k_\nu \times k_{Ha} \times k_{H\beta} = 1.12$

计算模数 $m = \dfrac{d_1}{z_1} = \dfrac{23.42}{30} = 0.781$ 根据手册，选取 $m = 1$。

### 三、按齿根弯曲强度校核

查表的齿根弯曲强度的设计公式为：

$$m \geqslant \sqrt[3]{\frac{2 \times k \times t}{\Phi_d z_1^2} \times \left(\frac{Y_{Fa} \cdot Y_{Sa}}{[\sigma_F]}\right)}$$

**1. 确定公式内的各计算数值**

1）查表得 $\sigma_{FE1} = 500 \text{MPa}$

2）查手册取弯曲疲劳强度寿命系数 $k_{FN1} = 0.85$

3）计算弯曲疲劳许用应力，取弯曲疲劳安全系数 $s = 1.4$

$$[\sigma_F] = \frac{k_{FN1} \times \sigma_{FE1}}{s} = \frac{500 \times 0.85}{1.4} = 303.57 \text{MPa}$$

4）计算载荷系数：$k = k_a \cdot k_\nu \cdot k_{Fa} \cdot k_{F\beta} = 1.12$

5）查取齿形系数 $Y_{Fa} = 2.65$

2. 设计计算

$$m \geqslant \sqrt[3]{\frac{2 \times 1.12 \times 9.948 \times 10^4 \times 2.65 \times 1.58}{1 \times 24^2 \times 303.57}} = 0.74$$

实际取,满足设计计算要求。即按照齿根弯曲强度校核,齿轮满足设计要求。

## 3.2  锥齿轮设计计算（略）

## 3.3  链轮传动设计计算（略）

## 3.4  主轴的设计计算（略）

## 3.5  对危险的杆件做有限元分析（略）

# 4. 工作原理及性能分析

## 4.1  工作原理

1. 下压图 6.3-3 中的压杆,使齿条向下运动,带动齿轮转动,与齿轮同轴的链轮将动力传送至换档装置（见图 6.3-5）。

2. 换档装置可控制不同的清扫机构（如图 6.3-6、6.3-7）。若换档齿轮与图 6.3-5 中的从动齿轮 1 啮合,原动力将用于旋转扫把,达到清扫垃圾的目的;当换档齿轮与图 6.3-5 中的从动齿轮 2 啮合时,原动力将用于旋转清洁转盘,用于清除粘附在地面上的垃圾。

## 4.2  性能分析

1）清洁车不需外加动力源,通过人力直接操作,节省了能源,降低成本,且操作简单;

2）采用齿轮齿条传动,将压杆的直线运动转化为主轴的旋转运动;利用棘轮单向传递运动的特点,完成了动力传送,机械效率高;

3）清洁车结构简单,且大多采用标准件,检查、维修方便;

4）人性化设计,清洁工无需弯腰清扫垃圾,在一定程度上减轻了清洁工的劳动强度;

5）整车采用钢架结构,工作可靠,使用寿命长;

6）针对不同的垃圾,采用不同的清扫装置,档位调节方便。

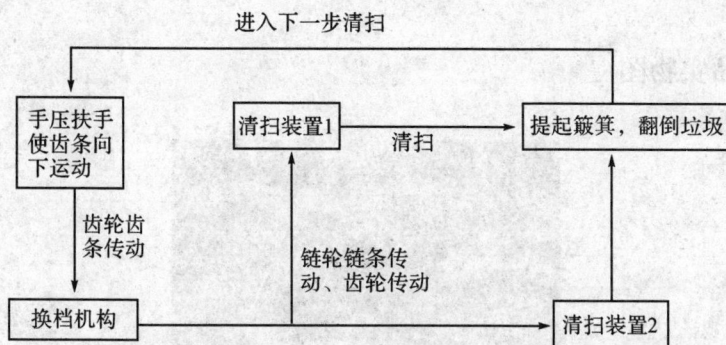

图 6.3-10　工作原理简图

## 5. 创新点及应用

1) 作品集清扫、回收、储存垃圾于一体,提高了工作效率,降低了劳动强度;

2) 设计有换档装置,可清扫多种街道垃圾,尤其是其他清洁车不能清扫的粘地垃圾(旋转清洁装置);

3) 扶手高度可调,拉手高度可调,适合不同身高的操作者,且操作简便;

4) 清洁工无需弯腰清扫垃圾,且垃圾可直接回收至垃圾箱,在一定程度上减轻了清洁工的劳动强度;

5) 纯机械设计,成本低,无需消耗辅助能源;

6) 清洁车可在各种马路和街道上使用。

随着社会的发展和人们环保意识的提高,为保持马路和街道的清洁,需要频繁清扫垃圾,提高垃圾清扫、收集效率,因此作品将有一定的应用前景。

## 6. 参考文献 (略)

## 7. 装配图及零件图(略)

## 8. 作品实物图

图 6.3-11　多功能垃圾清洁车实物图

# 6.4　全自动杀鱼机

## 作品内容简介

　　在走访多个农贸市场后,通过对目前剖杀各种鱼类全过程的仔细观察和研究,我们发现,当前对各种鱼类的剖杀存在一定的缺陷:首先,手工剖杀效率低;其次,手工剖杀对鱼鳞、鱼漂、鱼肠等没有集中处理,造成了一定的环境污染,在农贸市场,问题尤为突出;第三,手工杀鱼对操作者具有潜在的安全隐患。为此,我们设计了全自动杀鱼机,它将刮鳞、剖腹、清肠、清洗等结合为一体。

　　杀鱼机主要包括三坐标鱼头定位装置、可根据鱼的大小自动调节的刮鳞装置、定力矩剖腹刮肠装置、牛头刨退鱼头装置等。作品实现了刮鳞、剖腹、刮肠以及鱼的清洗全自动,提高了杀鱼效率,并且对鱼鳞、鱼肠集中处理,减小了对周围环境的污染,降低了杀鱼工人的劳动强度。

## 1. 研制背景及意义

　　随着人们生活水平的不断提高,鱼类菜已经成为普通家庭的家常菜。但目前鱼类剖杀多为手工操作:用钢丝刷去除鱼鳞、用刀剖开鱼腹、用手抓取鱼肠等物(如图 6.4-1 所示,图示为目前常见的杀鱼场景及常用的杀鱼工具)。手工剖杀方法存在着很多缺陷:效率低、存在安全隐患,同时会使杀鱼工人手上有一股难闻到鱼腥味;冬天杀鱼时,容易使手生冻疮;此外,对鱼鳞和鱼肠又缺乏集中处理,对周围环境产生了不好的影响。为此我们设计了全自动杀鱼机,将杀鱼的过程自动化,同时对鱼鳞等物进行集中处理,解决了传统杀鱼过程中的一些问题,减轻了杀鱼工人的劳动强度。

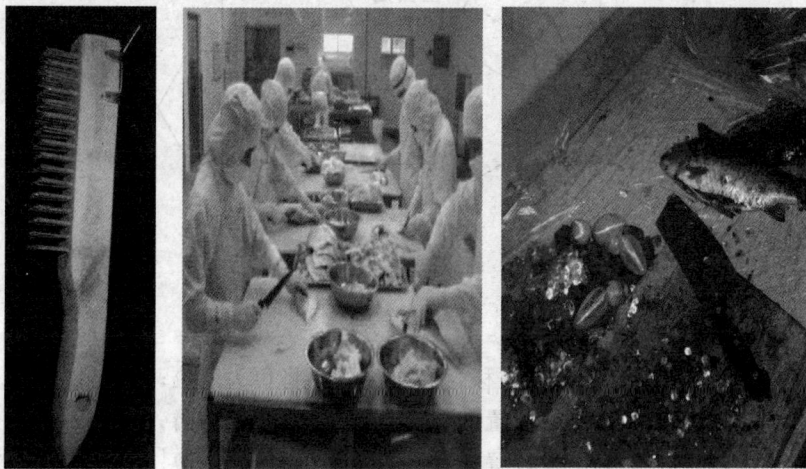

图 6.4-1 传统杀鱼工具及场景

## 2. 总体方案设计

### 2.1 全自动杀鱼机总体功能

全自动杀鱼机可完成刮鳞、剖腹、清肠、清洗等动作,在 PLC 的控制下自动完成。作品分为机械、电控两部分。机械部分包括三坐标鱼头定位装置、可自动调节的刮鳞装置、定力矩剖腹刮肠装置、具有急回特性的剪肠装置、牛头刨退鱼头装置、清洗装置六个部分(详细工作原理见 3.1)。电控部分分为硬件部分(PLC 控制器,继电器,控制电路板)及软件部分。其总体功能如下图所示:

其中,图 6.4-2 中,1～11 表示如下动作:

1. 进鱼,启动杀鱼机;

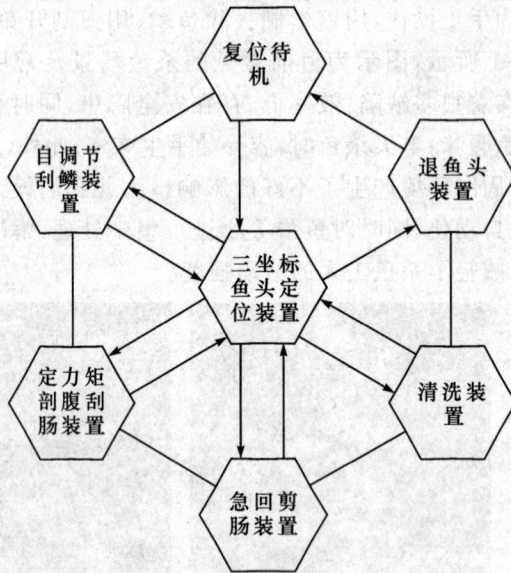

图 6.4-2　工作流程简图

2. 三坐标鱼头定位装置横移,钢针架下移,将鱼头定位;

3. 刮鳞定时开始,刮鳞装置的动力电机正转,开始刮鳞;

4. 刮鳞完成,鱼头定位装置横移至第二工位,开始剖腹、刮肠;

5. 剖腹刮肠装置纵向移动完成,鱼头定位装置横移至第三工位;

6. 翻转电机旋转 90°,剪肠开始;

7. 剪肠完毕,翻转电机反向旋转 90°;

8. 清洗信号发出,开始清洗;

9. 清洗完成,鱼头定位装置回移至第一工位;

10. 退鱼头装置运转,鱼头定位装置上提,完成退鱼动作;

11. 退鱼完成,整机复位。

工作过程详细描述如下:

打开盖板将鱼送入,点动刮鳞装置主动力电机,将鱼拖入刮鳞装置中,在可自动调节的刮鳞装置作用下,待杀鱼将和刮鳞装置充分接触并保持一定压力(高度自动调节原理见 3.1.2)。此时开始运行。

在电控信号作用下,三坐标鱼头定位装置首先横向移动到第一工位,三坐标鱼头定位装置的副板向下移动,将钢针插入鱼头。随后刮鳞装置主动力电机正转,开始刮鳞;同时鱼头定位装置中翻转电机启动,将鱼来回小角度旋转,以至刮去鱼腹和鱼背上的鳞片。

刮鳞完成后,鱼头定位装置主板横向移动到第二工位,定力矩剖腹装置开始工作,剖腹刮肠装置中割片动力电机运转,带动割片将鱼腹剖开,随后刮肠动力电机用一个定力矩装置将弹片伸入鱼腹,使鱼肠和鱼腹分开。

剖腹刮肠动作完成后,鱼头定位装置主板横向移动到第三工位。翻转电机将鱼侧翻,鱼肠掉出,剪肠装置动力电机运转,带动凸轮机构将鱼肠剪断。鱼头定位装置主板再横向回移至第一工位,退针装置将挡片伸出,鱼头定位装置副板上提,钢针脱离鱼头后,刮鳞装置将鱼送出,完成杀鱼工作,电机复位待机。

## 2.2 全自动杀鱼机所用电机清单

为有效完成杀鱼动作,全自动杀鱼机共使用了 11 个电机,由 PLC 控制,分别完成特定的功能,如下表所示。

表 6.4-1 全自动杀鱼机所用电机清单

| 电机编号 | 电机名称 | 电机功用 | 备注 |
|---|---|---|---|
| 1 | 主电机 | 带动上下两个刮鳞装置转动,刮除鱼鳞。 | 行星电机,提供较大扭矩 |
| 2 | 鱼头翻转电机 | 在刮鳞过程中,翻转电机连续小角度翻转鱼身,从而刮除鱼背及鱼腹上的鱼鳞。 | 行星电机,提供较大扭矩 |
| 3 | 鱼头定位装置主板横向移动电机 | 带动鱼头定位装置作横向移动 | 行星电机,以精确定位 |
| 4 | 鱼头定位装置副板移动(上下移动)电机 | 带动鱼头定位装置作上下移动 | 选用普通直流电机,降低整机成本 |
| 5 | 刮鳞装置提升电机 | 刮鳞完成后,提升上刮鳞装置 | 行星电机,提供较大扭矩 |
| 6 | 剖腹割片动力电机 | 带动割片旋转,将鱼腹剖开 | 旋转高速电机,完成剖腹动作 |
| 7 | 剖腹刮肠装置纵向移动电机 | 剖腹开始后,该电机运转,带动装置作纵向移动。 | 普通直流电机,降低成本 |
| 8 | 刮肠弹片伸缩移动电机 | 剖开鱼腹,电机将弹片伸出,执行刮肠动作。 | 普通直流电机,降低成本 |
| 9 | 剪肠片动力电机 | 刮肠动作完成以后,电机带动剪片将鱼肠剪断。 | 普通直流电机,降低成本 |
| 10 | 退鱼头伸缩片电机 | 将退鱼头伸缩片伸出,退出鱼头。 | 普通直流电机,降低成本 |

### 2.3 全自动杀鱼机采用的机构及传动分析

为完成设定的动作,全自动杀鱼机采用了链传动、齿轮传动、螺旋传动、绳传动等传动,有效地完成了预期的功能。下表为杀鱼机采用的传动:

表 6.4-2 机械传动性能分析表

| 传动类型 | 所属部件 | 性能分析 |
|---|---|---|
| 滚珠丝杆传动 | 三坐标鱼头定位装置 | 传动效率高,启动力矩小,传动灵敏平稳,工作寿命长;保证三坐标鱼头定位装置快速、平稳运动。 |
| 齿轮传动 | 剖腹刮肠装置 | 传动效率高,结构紧凑,传动平稳,使剖腹刮肠装置长距离平稳移动。 |
| 链传动 | 刮鳞装置 | 传动效率高,整体尺寸小,机构紧凑,能在恶劣环境中使用。作为刮鳞装置中钢刷的动力传输部件。 |
| 螺旋传动 | 刮鳞装置提升组合机构 | 传动平稳,传动力矩大,精度高;在刮鳞装置提升部件中,能传递较大力矩。 |
| 绳传动 | 开启装置 | 制作简单,传动平稳。启动该装置,打开小门,放入待处理的鱼。 |

全自动杀鱼机所采用的机构有:连杆机构、齿轮机构、凸轮机构等,使得退鱼头装置、剖腹剪肠装置、刮鳞提升装置等完成设定的动作。

表 6.4-3 自动杀鱼机所用机构的性能分析表

| 机构类型 | 所属部件 | 功用及性能 |
|---|---|---|
| 丝杠摇杆组合机构 | 刮鳞装置提升部件 | 丝杠具有自锁性能,与摇杆机构组合可平稳将上刮鳞架提升,并增加提升行程。 |
| 凸轮机构 | 急回剪肠装置 | 凸轮机构与复位弹簧组合,使剪肠片的运动具有急回特性,减少空行程时间,且工作过程平稳。 |
| 齿轮齿条机构 | 剖腹剪肠装置 | 传动平稳,效率高,行程大;该机构能较精确、平稳地实现剖腹刮肠装置的纵向移动。 |
| 连杆机构(牛头刨机构) | 退鱼头装置 | 牛头刨机构结构简单,制作方便;能使退鱼头装置中的伸缩片往复运动,有效地完成退鱼头动作。 |

## 3. 原理方案的实现

### 3.1　机械部分的设计

#### 3.1.1　三坐标鱼头定位装置

如图 6.4-3,三坐标鱼头定位装置包括主板、副板、旋转钢针架,分别由一个电机提供动力。其中主板电机连接一个滚珠丝杆,带动整个装置左右横向移动;副板动力电机连接一个齿轮齿条机构,带动旋转钢针架上下移动;旋转电机直接和副板及钢针架连接,带动钢针架在竖直面内旋转。主板有三个工位:扎、退鱼头工位(第一工位),剖腹工位(第二工位),剪肠工位(第三工位)。鱼放入后,主板先移动到第一工位,副板带动钢针架向下移动将钢针扎入鱼头中,将鱼头定位;刮鳞过程中,旋转电机带动钢针架来回做小角度旋转,保证刮净背部及

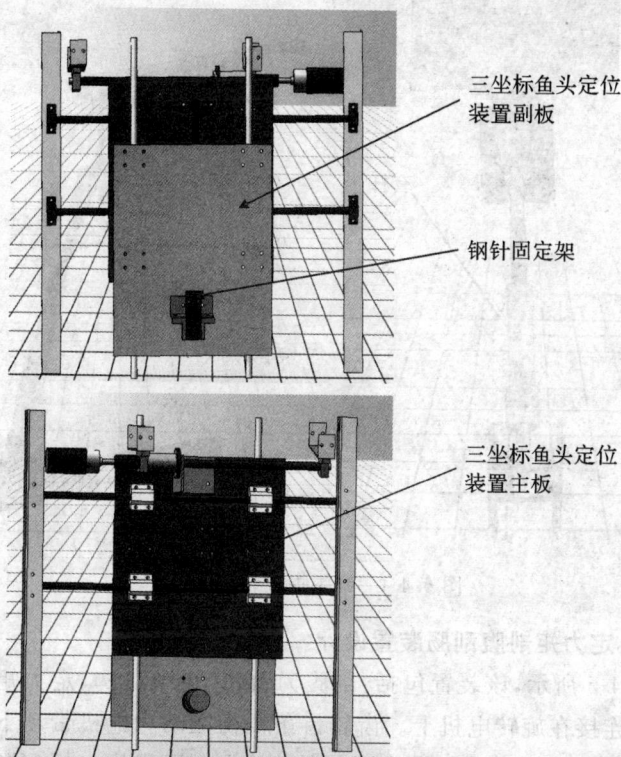

三坐标鱼头定位
装置副板

钢针固定架

三坐标鱼头定位
装置主板

图 6.4-3　三坐标鱼头定位装置

腹部的鳞片,刮鳞完成后,主板移至第二工位;剖腹刮肠动作完成后,主板移至第三工位,旋转电机将鱼身翻转90°,开始剪肠;剪肠动作完成以后,主板移至第一工位,旋转电机将鱼身反向翻转90°,将鱼从钢针架退出,最后复位。

### 3.1.2　自调节刮鳞装置

　　如图6.4-4所示,可自动调节的刮鳞装置包括丝杠摇杆机构、下刮鳞架。丝杠摇杆机构包括丝杠,高度调节杆,上刮鳞架。各部分之间通过关节轴承相连,构成活动铰链,高度调节杆由套杆、微调螺母、拉杆组成。刮鳞架由钢刷、传动链、动力电机组成。待杀鱼放入之后,点动动力电机开关,使电机反转,将鱼拖入装置中,在鱼送进装置的过程中,鱼身挤压上刮鳞架,套杆中的弹簧压缩,上刮鳞架上移,鱼和刮鳞装置充分接触。鱼头定位完成后,动力电机正转开始刮鳞。刮鳞动作完成后,上拉电机带动丝杠转动,在丝杠摇杆机构的作用下,上刮鳞架绕固定点旋转提升,将鱼松开。

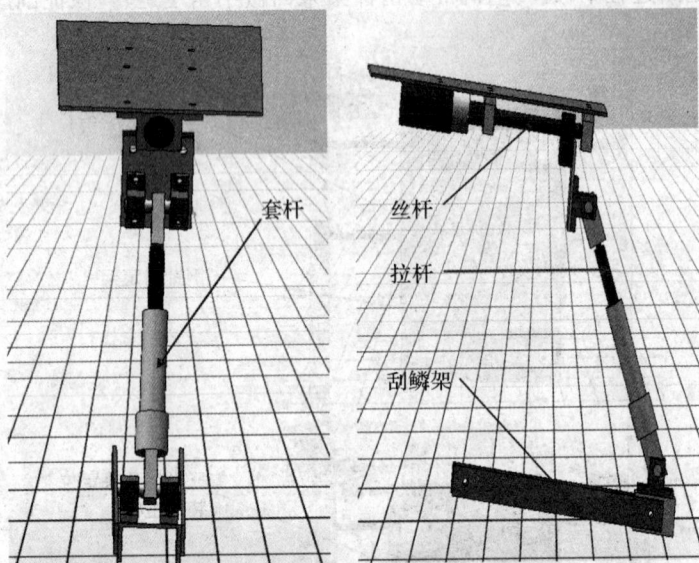

图6.4-4　刮鳞提升装置简图

### 3.1.3　定力矩剖腹刮肠装置设计

　　如图6.4-5所示,该装置包括:剖腹刀、齿轮齿条机构、定力矩刮肠机构。剖腹刀直接连接在旋转电机上。齿轮齿条机构在动力电机带动下,可以使整个装置沿着预定的轨迹纵向移动。定力矩动力刮肠机构包括刮肠弹片、齿轮齿条机构、齿条卡槽、定力矩联轴器。当鱼头定位装置移至第二工位时,剖腹电机运转,带动割刀将鱼腹剖开。鱼腹随后被连接于割刀后的撑片撑开,动力电机通过定力矩联轴器将动力传送至齿轮齿条机构,使刮肠弹片伸入鱼腹,从而把鱼肠与鱼腹分开。当弹片碰到鱼背时,随着鱼背的阻力增加,在定力矩联轴器的作用下,电机运转而齿条不再向前运动;当鱼背阻力增大到一定程度,齿轮则回转,弹片向后移出鱼腹,完成剖腹刮肠动作。

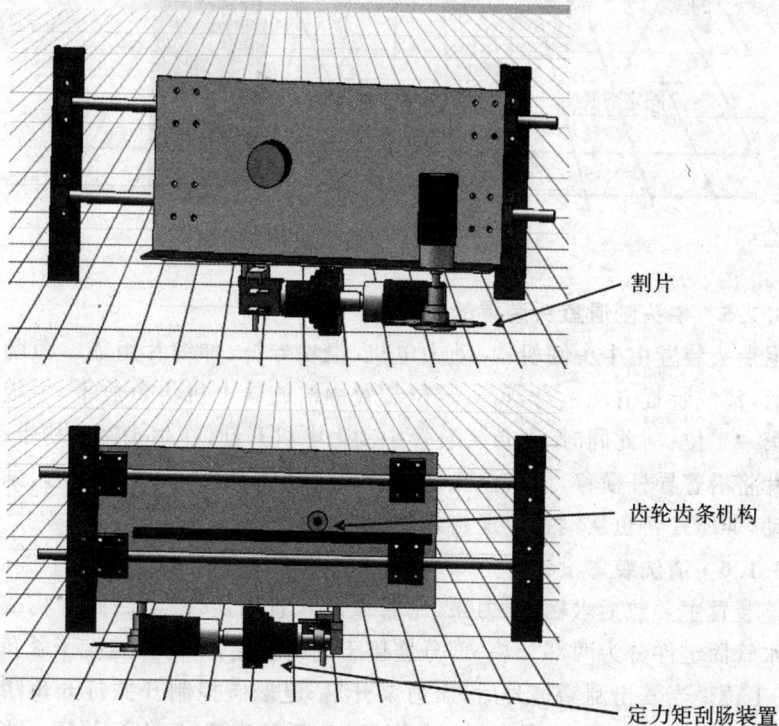

图 6.4-5　剖腹刮肠装置

### 3.1.4　急回剪肠装置设计

　　该装置主要由凸轮、固定剪片、移动剪片、复位拉簧组成。在剖腹刮肠动作完成后,鱼头定位装置移至第三工位,此时电机带动凸轮旋转,推动剪片剪断鱼肠。凸轮转过极限位置后,移动剪片在复位弹簧的作用下回到待机状态。

固定剪片　　　移动剪片　　　凸轮

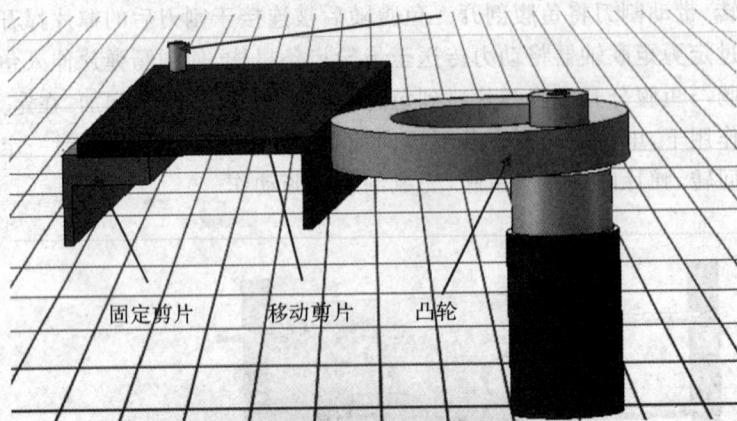

图 6.4-6　剪肠装置

### 3.1.5　牛头刨退鱼头装置的设计

退鱼头装置由牛头刨机构、动力电机、滑块导杆、伸缩片组成。鱼肠被剪掉以后,清洗装置清洗鱼身,鱼头定位装置中的旋转电机将鱼放平,主板横向移回第一工位;与此同时,退鱼头装置中动力电机开动,在牛头刨机构带动下,伸缩片将沿着导杆横移,插入鱼头定位装置中的钢针固定架中,此时,副板向上移动,伸缩片将鱼从钢针中退出,完成杀鱼动作。

### 3.1.6　清洗装置设计

该装置主要包括水箱、压力泵、水管以及水管固定件、电磁阀等构成。其中出水管固定件分为两部分,一部分连接于刮鳞装置,一部分连接于杀鱼机第二、三工位。当发出刮鳞信号后,压力泵开启,电磁阀控制开关打开鱼鳞清洗口,将刮落的鱼鳞冲落至鱼鳞处理装置中。刮鳞结束后,压力泵关闭。当鱼送到第三工位,剪肠完成以后,压力泵再次开启,电磁阀打开,冲洗鱼身,随后定时信号发出,压力泵关闭,完成清洗动作。

## 3.2　电控部分设计

### 3.2.1　三坐标鱼头定位装置的控制

该装置包括主板横向移动电机、副板上下移动电机、钢针固定架旋转电机。当鱼送入以后,启动杀鱼程序,主板移动电机首先横向移动,接受到定时信号后,副板电机运转,带动齿轮齿条机构移动,将钢针固定架下推,从而将鱼头固定,同时向刮鳞装置发出信号,开始刮鳞;钢针固定架旋转电机小角度旋转,并等待下一控制信号。刮鳞完成信号发出后,主板移动电机启动,并等待

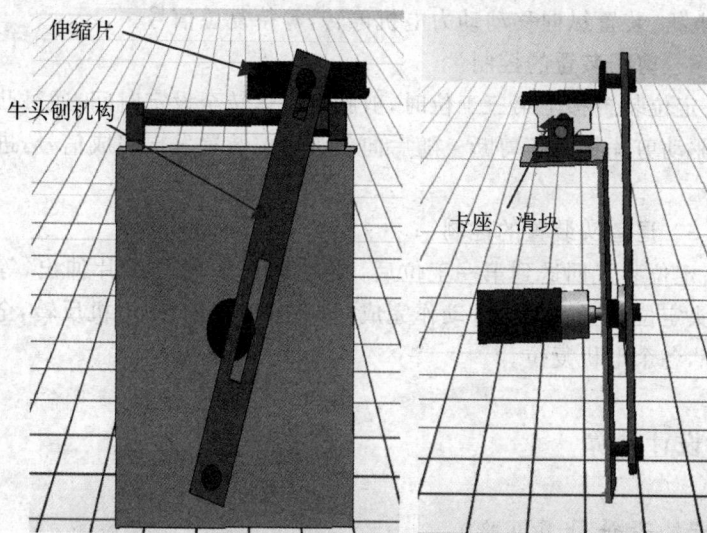

图 6.4-7　退鱼头装置

下一控制信号；当剖腹刮肠装置完成动作，主板移动电机运行设定的时间，旋转电机此时顺时针旋转 90°，将鱼竖立，使鱼肠等杂物掉出，并等待下一控制信号；鱼肠清理完毕后，清洗水管开启，将已经杀好的鱼清洗干净。主板电机反向运转将装置移至第一工位，同时，旋转电机逆时针旋转 90°，等待复位信号。

### 3.2.2　刮鳞装置的控制

该装置包括上下两个主动力电机、一个上刮鳞架提升电机。鱼送进之后，点动开关，主电机反转将鱼拖入装置中，启动整机程序，鱼头定位装置发出刮鳞信号，主动力电机正转刮鳞，到达设定时间后，主动力电机停转，高度提升电机开动，将上刮鳞架提起，等待复位信号。

### 3.2.3　剖腹刮肠装置的控制

当刮鳞器完成刮鳞动作后，该装置中的高度调节电机运转进行高度微调，剖腹装置在动力电机带动下水平运动，剖开鱼腹。同时，装置中钢丝摩擦轮在电机带动下将刮肠钢丝推入鱼腹之中，随着装置的纵向移动，完成剖腹刮肠动作。此部分包括纵向移动动力电机、割片电机、刮肠弹片伸缩移动动力电机。鱼头定位装置将鱼送至第二工位时，割片电机先启动，经过设定时间后，纵向移动电机开启，装置开始沿导杆纵向运动，同时刮肠弹片动力电机运转，弹片伸向鱼腹；装置工作到设定时间时，刮肠弹片动力电机反转，带动弹片退出鱼腹,割片电机、装置纵向移动动力电机停转,等待复位信号。

### 3.2.4　剪肠装置的控制

鱼头定位装置移至第三工位时,剪肠电机运转至设定时间,通过凸轮机构的传动,驱动剪片将鱼肠剪断。随后向鱼头定位装置发出完成信号,进入待机复位状态。

### 3.2.5　退鱼头装置的控制

鱼头定位装置回送到第一工位后,动力电机启动,伸缩片伸出,等待下一信号;鱼头定位装置副板提升动作完成后,鱼身退出钢针,电机反转,全机进入待机状态,各个电机复位。

## 4.　理论设计计算

### 4.1　锥齿轮设计计算（略）

### 4.2　直齿圆柱齿轮齿条副传动设计计算（略）

### 4.3　链轮传动设计计算（略）

### 4.4　主轴的设计计算

根据对杀鱼机整机工作的分析,主轴受力简图如下图所示。其中 A 点为联轴器,B、D 点为固定轴承支撑点,C 点为链轮连接点。

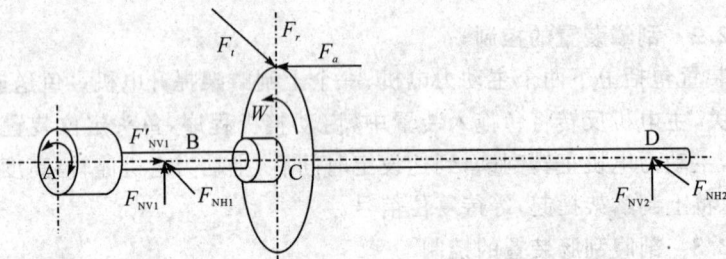

图 6.4-8　主轴受力图

根据上述简图,分别按水平面和垂直面计算各力产生的弯矩,并按计算结果分别做出水平面上弯矩 $M_H$ 图和垂直面上的弯矩 $M_V$ 图,并得出总弯矩 $M$ 图。根据主轴受力情况画出扭矩图。

上图中,弯矩 $M = 2000\text{N·mm}$、扭矩 $T = 1000\text{N·mm}$

考虑轴应力循环特性,计算应力为:

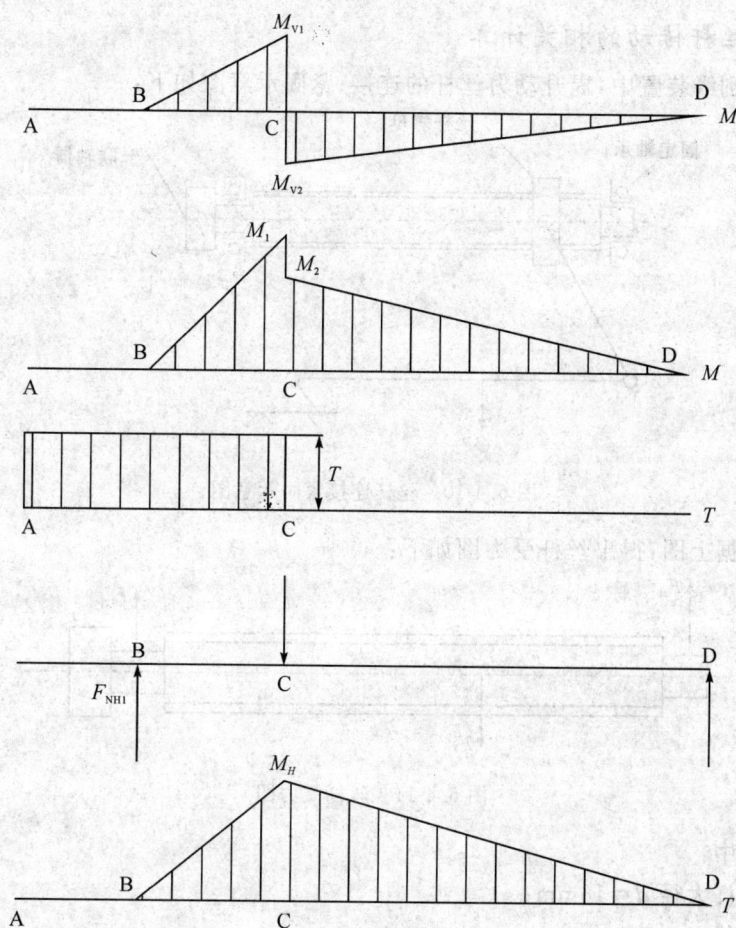

图 6.4-9　主轴弯矩扭矩图

轴的许用应力 $[\tau] = 200$ MPa

根据 $\tau = \dfrac{M}{W_p}$；$W_p = \dfrac{\pi \cdot d^3}{16}$

得出轴的最小直径 $d \geqslant 9.2$ mm

取安全系数 $S = 1.4$，实际选用的轴直径为 $15 > d \times S$

因此主轴满足设计要求。

## 4.5　丝杆传动的相关计算

在刮鳞装置中,提升动力丝杆的连接、紧固示意图如下:

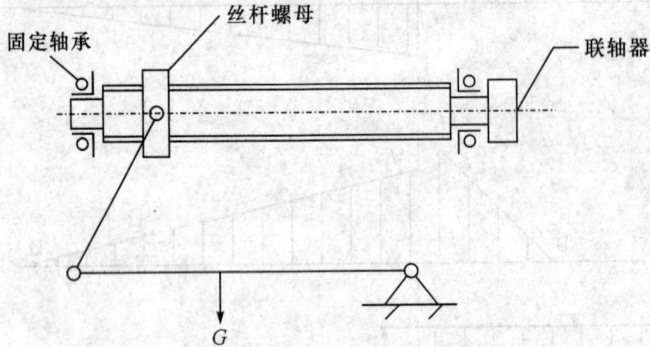

图 6.4-10　丝杆连接紧固示意图

根据上图,得出丝杆受力图如下:

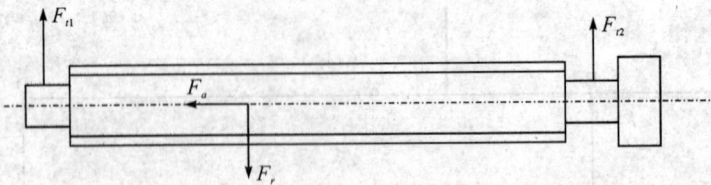

图 6.4-11　丝杆受力图

其中:

丝杆大径 $d=16$mm;

小径 $d_2=13$mm;

梯形螺纹螺距 $p=3$mm,材料为 45 号钢,螺母材料为铸铁(整体式);

螺杆全长 $L=150$mm;

有效行程 $H=90$mm。

**4.5.1　丝杆耐磨性验算(略)**

**4.5.2　螺纹强度校核计算(略)**

## 4.6　对危险零部件进行有限元分析

对于杀鱼机的传动而言,最危险杆件为主轴。设计主轴长度为 341mm,材料选用 45♯钢材,轴的两端固定,所受扭矩为 2.5 N·m(小于 2 N·m 即可驱动杀鱼机正常工作,此处取 2.5 N·m 校核轴的强度),且平行于轴向截面,并承受 500N 的力。

根据以上数据,在 Solidworks 软件上生成模型,并确定各项参数,完成设定后,运行软件,进行应力分析,在结果栏中得到图示数据。

此时,最低安全系数 S＝6.0,可见轴的强度足够。显示应力分布图以及杆件变形情况如下图所示:

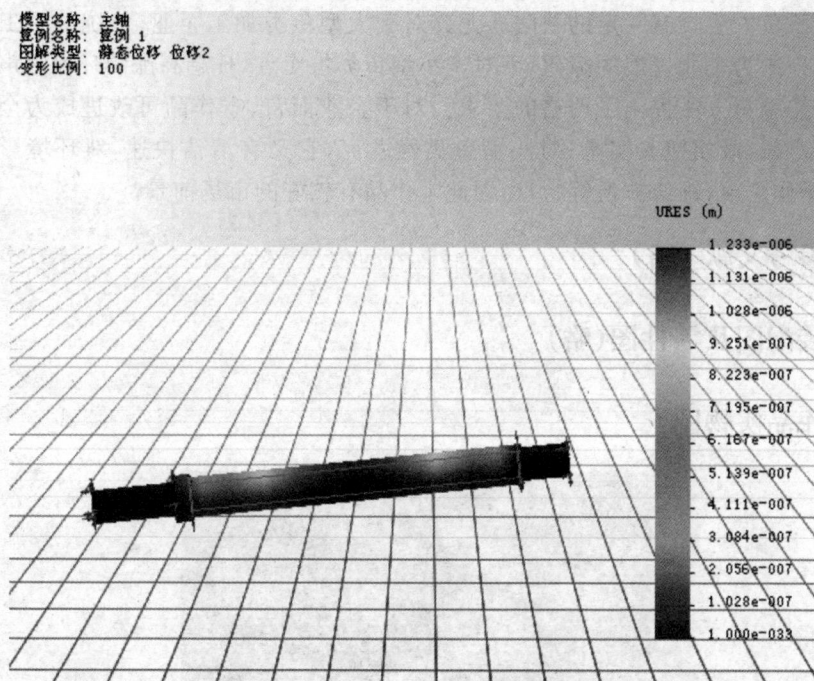

图 6.4-12 主轴有限元分析图

## 5. 创新点

1. 刮鳞装置上设计、安装"上伸缩连杆",使装置能针对不同大小、不同种类的鱼自动进行高度调节,将鱼鳞轻松刮除;

2. 采用具有三个自由度的三坐标定位装置,确保鱼头精确定位;

3. 在剖腹清肠装置上设计一个定力矩动力传动装置,在刮肠过程中,弹片始终与鱼腹充分接触;

4. 绳传动控制的小门启闭装置与连杆机构联动,使得同一套装置在不同情况下能够分别控制鱼的送进、送出两个不同的动作;

5. 将牛头刨机构与三坐标鱼头定位装置相结合,使退鱼动作稳定可靠。

## 6. 市场前景

随着人们生活水平的不断提高,对鱼类产品的消费量也越来越大,然而传统的杀鱼方法具有一定的缺陷。尤其对于大型鱼类加工企业,传统的手工杀鱼已经成为企业发展的障碍,而对于小型鱼类售卖点,日趋高涨的环保呼声也对传统杀鱼方法提出了严格的要求。对于企业而言,本作品可改进成为全自动生产线,既便捷又实惠;对小型鱼类经营商,它又有清洁快速,对环境影响小,操作简单,维修方便等特点,因此本作品有较好的市场前景。

## 7. 参考文献(略)

## 8. 装配图及零件图(略)

## 9. 作品实物图

图 6.4-13　全自动杀鱼机

# 第7章 大学生机械设计竞赛获奖作品集

参加大学生机械设计竞赛,既要具备机械设计、加工的基本知识,还要有一定的电路、控制等方面的技能,更要具备一定的创新能力。为了开阔同学们的思路,在此列举几个学生获奖作品,给出作品的照片,并做一简要的介绍,希望能给大家一些启发和帮助。

## 一、仿生蚂蚁

具有记忆功能的仿生机器蚂蚁,如图 7-1-2,能够模仿真实蚂蚁(如图 7-1-1),避开障碍物,正确辨识预先设定的猎物,并且能够夹持猎物,按原来路线返回。该作品采用单片机控制,内置电源,形象逼真可爱。大蚂蚁寻找到食物后,采用无线通信技术,通知在家中等候的小蚂蚁;小蚂蚁接到信号后出门迎接大蚂蚁,在门口处,大蚂蚁将食物传递给小蚂蚁,随后两只蚂蚁跳起探戈,翩翩起舞。

图 7-1-1　蚂蚁

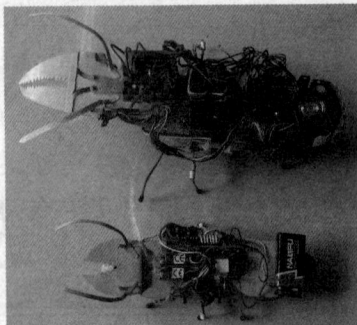

图 7-1-2　仿生蚂蚁

**1. 仿生原理**

让蚂蚁沿着一定的轨迹(如 Z 型,S 型等)寻找食物,当设定范围内有障碍物时,用红外传感器判断是否为蚂蚁要找的物体,若是,则上前将猎物夹持,并沿原路返回;若不是,则绕开障碍,继续沿原来的路径前进,直到找到猎物为止。

**2. 蚂蚁在觅食过程中所体现的生物功能有**

① 原路返回;② 识别物体(区分食物和障碍物);③ 蚂蚁群体间通讯、追踪功能和协作特性。

**3. 扫描原理**

以定步长逐步增加 PWM 波的脉冲宽度,驱动扫描机构匀速扫描现场,根据目标物体所对应的脉冲宽度,确定蚂蚁与物体的相对方位。特点:通过单片机控制脉冲的宽度可以调整至微秒数量级,精度比较高;用软件代替硬件(角度传感器等)节约了成本。

## 二、仿生螃蟹

仿生螃蟹如图 7-2 所示,可模仿螃蟹横向行走,遇障碍后逆向爬行,且具有自我保护功能。其前螯具有防御能力,并可夹持物体。单片机控制,电源内置,生动形象,非常逼真。

仿生机器蟹的横向行走原理:大腿抬起时,小腿沿大腿的指方向迈出并接触地面,即可带动整个身体向一侧行进。小腿的摆动采用曲柄摇杆机构来实现,其起始位置即为摇杆的两个极限位置。采用硬质弹簧与凸轮机构的配合来实现螃蟹大腿的抬起。行走时,一侧的四条腿(简单起见,一侧实际上只有

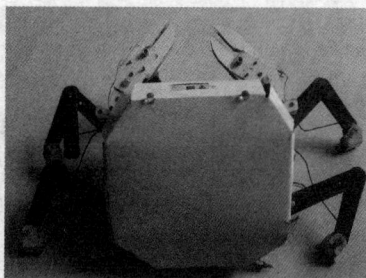

图 7-2 　仿生螃蟹

两条腿)着地作为支承,另一侧的四条腿抬起运动,如此循环,实现了仿生机器蟹的横向行走。

　　通过舵机带动仿生机器蟹的两个前螯,使其一张一合夹持猎物。

　　在仿生机器蟹的两侧分别安装两个超声波传感器(工作范围是 3cm～3m),横向行走时,左右超声波测距仪同时工作,当障碍物进入设定范围内,传感器给单片机发出换向信号,控制部分开始控制转向电机工作,使螃蟹反向行走直至避开障碍。

　　采用热释电传感器来感应人体信号,利用人体感应作为触发源。当有人触摸仿蟹机器人时,通过热释电传感器和控制电路,单片机马上使控制横向行走的电机转动,使仿生机器蟹立刻逃跑,以此来模仿螃蟹的警觉性。

## 三、"绿宝石"号月球车

　　月球车(参见附录 1)采用三叶轮机构、连杆机构、齿轮机构等机构以及"齿轮传动"、"同步带传动"、"链传动"等传动,使机器人平稳行走以及顺利翻越障碍;三自由度机械手完成插红旗、抓取木块的任务;两个曲柄滑块机构完成存放木块的任务。控制部分采用 MSP430 系列单片机,操作简单、稳定性高,观赏性强,作品如图 7-3 所示。

　　三叶轮可在平地上行走,也可在凹凸不平的地面上运行。遇到障碍时,三叶轮的特殊结构可顺利翻越。

　　三自由度的机械手可以轻松地抓取木块,并将红色的一面翻转朝上,还可将其他木块拨向一侧,为放置下一个木块时留出空地。

　　绿色象征着生命,象征着活力;而"绿宝石"月球车就像一块熠熠生辉的宝石,把绿色、生命和活力带到月球上去。

图 7-3　"绿宝石"月球车

## 四、"奋进号"月球车

　　双履带配合三关节车身能够顺利翻越障碍，三自由度机械手完成插红旗、抓取木块的任务；有类似汽车"翻斗"的存放装置，效率高，一次可搬运 7 个木块；观赏性强，很有创意；控制部分采用 S51 系列单片机。

图 7-4　"奋进号"月球车

　　月球车（参见附录 1）左右两组同步带各由一个电机驱动（共两个电机）。当两个电机速度相同时，实现前进或后退移动；当两个电机速度不同时，实现转向运动。

月球车的前后两摆臂各由一个电机驱动（共两个电机）。当摆臂摆动时，带动行星轮周转；当主动轮转动时，带动行星轮自转。从而改变同步带移动机构的整体构形，以实现越障功能。

电控部分用了两块 2051 和一块 8051。为了使系统控制简单，运行可靠稳定，在整体上采用串口通信，局部采用 I/O 口通信。设计时采用了分模块的方法，在模块中考虑了动作的连贯性（即以一个键完成几个动作的组合），从而加强了月球车完成各个功能的效率。

## 五、智能爬管机器人

机器人能沿着垂直管道的外管壁向上爬升和倒退，模拟工人爬上塔架，检测钢管角铁的构架，如桥梁吊索、电线塔架、通信基站、卫星发射天线等。

机器人靠两个脚爪完成爬杆功能，脚爪由一个带减速箱的直流电机、齿轮组、两个尼龙脚组成。电机通过齿轮组带动尼龙脚的旋转，使尼龙脚抓紧管壁或者松开（此时旋转 90°）。

爬管机器人由四个部分组成，通过舵机改变它们之间的角度关系。五边形的一边会随着角度变化而变化，利用这原理来实现躯体的伸缩，配合两个尼脚夹的张开、合拢来实现预期的爬行功能。

选用了红外接近开关来检测脚爪是否夹紧管道，并判断是否爬到管道尽头，以便控制机器人执行回退程序。红外避障传感器检测距离较长，用来判断是否接近水平管的位置，配合微调步伐程序，控制机器人到达指定位置，执行攀爬水平管的程序。单片机主控系统根据 3 个红外线传感器反馈的信息，执行相应的程序，控制关节舵机转角位置及直流电机的正转和反转，完成各个功能动作。

依靠光耦 TCRT5000 和 555 集成芯片组成传感器电路，通过调节可变电阻的阻值来调节传感距离。

当机器人碰到管道与管道的连接处时，能够完成跨越动作，从垂直管翻越到水平管，并可实现步伐微调，攀爬到水平管道尽头后能沿原路返回。采用单片机控制，机载电源与控制系统安装在机器人中部，实现无线智能爬管。

图 7-5　智能爬杆机器人

## 六、皮下疫苗注射机

作品具有自动换针、自动取液、自动注射等功能，可准确、定量注射各种疫苗，实现了整个注射过程的自动化。作品结构简单、造价低、使用方便、安全可靠，适用于高密度人群及医务人员相对较少的农村，也可应用在禽类免疫疫苗的注射中。

作品功能及主要动作：

**1. 换针动作**

① 卸针动作：卸针动作的动力由固定在托盘下方的电磁铁驱动，将其与翻针曲片相连接，组成可以往复运动的连杆机构，确保将使用过的针筒从托盘卸下，并沿着设计好的轨道滑出箱体，便于回收。

② 装针动作：托盘上设计了一个与针筒外形相仿的槽状模型（尺寸较针筒大 0.5mm），要求装针机械手具有很高的精度，实现从针库取针并放至槽状模型。选用传动稳定、定位较准确的齿轮齿条机构完成换针动作。另外，为配合实现换针动作，设计了便于实现机械手抓取的多针筒存储装置。

**2. 吸液动作**

选定丝杆螺母机构实现吸液动作。丝杆可实现抽药杆的平稳运动，减小吸药时产生的剂量误差；整个机构由步进电机（通过单片机控制）提供动力，有较高的准确性。要完成整个吸液动作，还需要储药瓶做上下运动与上述动作相配合。而储药瓶的上下运动是通过齿轮齿条机构实的，并由减速电机提供动力，受单片机的智能控制。考虑到吸液的过程当中可能将空气吸入针筒，因此在吸液过后还有排气动作，吸液机构的反向运动即可实现这一功能。

**3. 进针动作**

进针动作是由托盘带动固定在其上的针筒一起运动来实现的。因此进针的速度完全取决于托盘的运动速度,选择将托盘固定在滚珠滑轨上,滚珠滑轨具有摩擦系数小、滑动平稳等特点,整个机构的动力由速度可调的步进电机提供。步进电机有急停功能,可以使托盘准确停靠在适当位置,以保证针尖进入皮下的深度符合要求。

**4. 推液动作**

推液动作是将药液推入皮下的过程。根据医疗上的相关操作规范可知,这一过程要求运行平稳,推液的速度保持匀速,而本产品完全符合这一要求。推液机构与吸液机构相同,但运动方向相反。

**5. 退针动作**

为了减轻患者的疼痛感,要求退针动作平稳快速。通过进针机构的反向运转即可实现这一功能,并满足上述要求。

**6. 控制装置**

为了实现完整的注射动作,需要上述四个动作的配合。为此我们设计了一套智能化的控制系统,由单片机集成电路来实现,并通过程序精确控制。基于单片机的强大扩展功能,外接光电传感系统,用以保证注射安全,提示患者的注射部位是否放在正确的注射位置,否则系统鸣声报警。此外,扩展的多功能按键可以实现各部分动作的精确微调,并具有紧急复位等功能。

图 7-6　皮下疫苗注射机

## 七、解救人质机器人

针对题目(参见附录 1)要求,设计了三节轮式机器人,如图 7-7 所示。这种机器人结构简单,装配方便、成本低,实践证明能够实现预期功能。

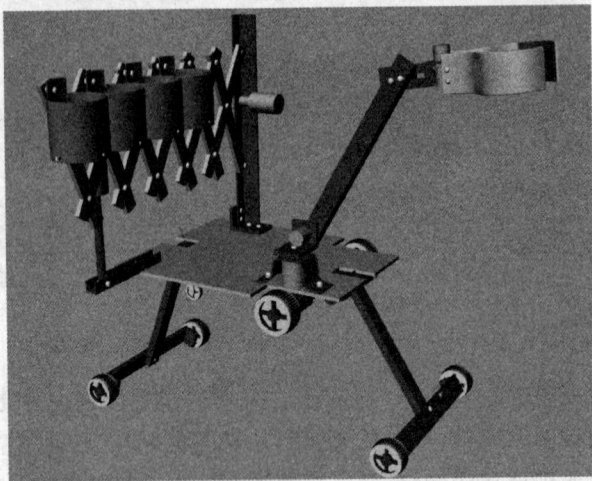

图 7-7 解救人质机器人

三节轮式结构展开后车身变长,方便跨越壕沟。机器人行进中,辅以车身前后节抬举或下压,有效改变车体重心,配合车身跨越壕沟以及翻越隔离墙。

采用平行四边形机构使人质箱对准安全通道。选取长度合适的平行四边形机构,可以一次性放入所有人质。

当人质到达安全通道上方时,给熔断丝通电,使其烧断人质箱底部尼龙丝,四个人质能够同时落入安全通道,大大提高了解救人质的效率。

## 八、鸡胚疫苗注射机

### 1. 设计目的

根据鸡胚疫苗注射法,设计一套自动种蛋免疫注射机,可对 17~19 日龄的种蛋注射马力克病毒疫苗,代替人工对一日龄种鸡雏的注射,减轻劳动强度、提高注射效率、节省疫苗用量、消除对工人健康的危害。

### 2. 设计思路

① 对待接种种蛋进行消毒,保证注射过程中鸡胚不受病毒感染;

② 注射深度控制在规定范围(鸡胚气室或绒膜鸟囊腔),避免损伤鸡胚;

③ 设计合理的分液系统,精确地把注射剂量控制在安全范围内;

④ 对接种后的种蛋进行封口处理,降低接种后鸡胚孵化后期对环境的严格要求;

⑤ 可靠的控制系统,保证设备的高效稳定。

图 7-8-1　鸡胚疫苗注射机

### 3. 创新点及关键技术

① 符合我国孵化产业的实际情况,把鸡胚接种法应用在工业生产上;

② 具有自动调节功能的独立注射系统,可根据鸡蛋的形状、大小自动调节针头相对于蛋壳的位置,实现准确注射;

③ 合理的分液系统,精确地把注射液量控制在安全范围内,避免因药量不足而造成免疫失败,或药量过多造成死蛋;

④ 低成本的封口系统避免注射后的鸡胚被感染。

图 7-8-2　自动鸡胚疫苗注射机

## 九、垃圾清洁船

设计一艘太阳能驱动的无线遥控(最大控制距离可达 50 米)水上垃圾清洁船,用于收集水上漂浮的垃圾。如图 7-9 所示,船身两侧设计有对称的螺旋桨,螺旋桨转动时形成漩涡,将水面上的垃圾吸引过来,通过螺旋桨上的收集装置将垃圾收集到船上;同时,螺旋桨还可作为清洁船的驱动系统,通过调整其速度和角度,就可方便地调整清洁船的速度和方向。

创新点:两侧的对称螺旋桨既可作为动力驱动装置,又可用来收集垃圾,同时还增加了船体的平衡性。当安装螺旋桨的漏斗水平时,可时实现船体的快速前进、后退、左转和右转。漏斗直立时,可形成水旋涡,吸引垃圾进入收集网装置,达到收集垃圾的目的。

图 7-9　垃圾清洁船

## 十、折叠式环保手推草坪修剪机

本作品采用人力驱动,无环境污染、噪音小、节约能源、结构紧凑;作品可以折叠,节省了空间;制造成本低,特别适合别墅、庭园等草坪的修剪作业。

**1. 整体结构**

由推杆机构、机架、机壳、增速机构、运动转换机构、执行机构、刀片保护机构组成。推杆机构采用轻质铝管,且可折叠,有效地减轻了重量,缩小了体积。

**2. 增速机构**

由安装在后轮轴上的大齿轮配合安装在前端的小齿轮组成,采用较大的齿数比实现增速。

**3. 运动转换机构**

由安装在前端小齿轮轴上的凸轮、安装在凸轮槽内的轴承以及与轴承连接的左右拨杆组成,左右拨杆以机壳上的四个孔作为导轨支撑。

**4. 剪草执行机构**

由固定在左右拨杆上的活动刀片、导轨、固定在导轨上的固定刀片组成,通过上刀片的左右运动与下刀片配合,实现剪草功能。

**5. 刀片保护机构**

采用五根杆件组成的折叠机构,工作时处于刀片前方约 150mm 处,避免刀片受到硬物撞击而遭到破坏。折叠机构折叠后,有效地节省了空间。

图 7-10　折叠式环保手推草坪修剪机

## 十一、水葫芦打捞船

设计一款具有通腔结构的水葫芦打捞船,利用水葫芦在水面上漂浮的特点,采用既作为动力,又作为打捞工具的主轮叶1,将水葫芦引入打捞船的通腔;曲柄滑块机构带动钢丝来回运动,辅助主轮叶1工作,避免水葫芦缠绕在主轮叶1上;辅助叶轮2将进入打捞船通腔的水葫芦送入打捞船尾部的收集网中。尾部装有多个收集网,收集网装满水葫芦后可自动更换。

通腔结构大大降低了打捞船的重量,又充分利用了水葫芦的生长特点,因此打捞效率高,相同时间内可以比普通打捞船捞取更多的水葫芦。打捞船采用无线遥控方式,由 PIC16F877 型单片机控制。

### 1. 采用主叶轮回收水葫芦并带动船体前进

由电机直接带动主叶轮提供动力,能源利用率高,机构更加精简。在提供动力的同时,还可打捞水葫芦,阻挡船体内回收物流失的功能,实现回收和动力双重作用。

### 2. 采用曲柄滑块机构作为主叶轮缠绕物清除装置

主叶轮经常会被水葫芦或其他水草所缠绕,影响正常工作。采用曲柄滑块机构拉动钢丝往复运动作为清除装置,清除主轮叶上的缠绕物。曲柄滑块的曲柄由电机驱动,使滑块末端的钢线到达预期位置,将可能的缠绕物割断,使主轴正常工作。清除装置采用曲柄滑块机构,既简单,又不增加船身重量。

### 3. 内置辅助叶轮

当主叶轮被带状物缠绕,曲柄滑块机构进行清除工作时,内置叶轮暂时代替主叶轮起动力作用,使回收船仍然按原路线行进。当逆流行进时,内置叶轮将箱体内回收物传送至后方回收网袋中,使通腔保持通畅。同时内轮叶还可防止回收袋内的水葫芦流失。

通腔结构大大降低了打捞船的重量,又充分利用了水葫芦的生长特点,因此打捞效率高,相同时间内可以比普通打捞船捞取更多的水葫芦;该船结构简单,制造方便,便于规模加工;通过改装动力装置,也回收其他固体漂浮物;还可增加悬挂装置,拖拽在其他船后作业。

图 7-11　水葫芦打捞船三维效果图

## 十二、下肢三关节康复器

### 1. 研制背景及作品特点

传统观念认为："伤筋动骨一百天"，也就是说，骨折病人要以静养为主。但这种观念随着科技的进步而改变。在治疗的过程中，病人长时间不运动，把关节固定在某一个位置，有可能造成关节或组织的粘连和挛缩，导致关节僵化、畸形等，影响关节的正常功能，留下后遗症，给患者生活和工作带来不便。而那些实施早期锻炼、及时进行系统的康复治疗的病人则可以减少或杜绝这些后遗症。目前市场上的关节运动康复器，可仿照人行走时的姿态运动曲线，给病人提供恢复行走能力的训练，促进肢体功能恢复。关节康复器大大缩短了病人康复时间，并且使病人实现安全自主的锻炼。

但此类康复器价格较高，一般病人难以承受，本作品"下肢三关节康复器"的成本不超过市场产品价格的五分之一；市场上的类似产品不能实现对踝关节的康复治疗，该康复器有此功能，并能同时恢复多个关节（可任选）；本康复器仅用三个四连杆机构，即可实现对下肢三关节等部位的恢复治疗，结构简单、价格低廉、制作成本低。康复器采用直流电机，价格便宜，控制方便。

作品采用机械设计中简单的连杆机构和丝杠来实现预期的动作，其中电机与丝杠连接，驱动螺母运动。螺母的运动带动连杆运动，曲柄摆动，它是实现连杆运动的关键结构。

根据曲柄滑块的工作原理，电机驱动丝杠，丝杠螺母作为滑块往复运动，带动四杆机构，完成预期的动作。同时，采用单片机控制直流电机的正反转动，信号的反馈由装在丝杠导轨上的两个微动开关与接近开关实现。

与市场同类产品相比，本产品使三关节联动，可较为逼真地模拟人的行走步态；在膝关节受伤严重，需要静养的情况下，通过设定踝关节康复机构的速度，使踝关节被动运动，亦可促进膝关节康复。这样，就可以大大缩短康复时间，同时对膝关节、髋关节及踝关节进行恢复治疗；三关节康复器速度可调，为患者提供多种治疗方案；结构尺寸可调，适用于成人及儿科患者。

### 2. 创新点

① 采用三个四连杆机构，实现对下肢三关节等部位的恢复治疗，结构简单、价格低廉；

② 丝杠螺母在丝杠上来回移动，螺母的旋转运动转化为直线运动，螺母带动连杆，三关节联动，可以较为逼真地模拟人的行走步态；

③ 在膝关节受伤严重,需要静养的情况下,通过设定踝关节康复机构的速度,使踝关节被动运动,亦可促进膝关节康复;

④ 即使电路部分发生故障,利用四杆机构的死点特性,可对康复器起到保护作用;

⑤ 主运动为螺旋传动,外观、工作原理均不同于市场同类康复产品;

⑥ 市场上的类似产品不能实现对踝关节的康复治疗,该康复器有此功能,并能同时恢复多个关节(可任选)。

图 7-12　下肢三关节康复器

# 附　录

## 附录 1：大学生机械设计大赛题目集锦

### 附录 1.1　浙江省第一届大学生机械设计大赛题目：月球车

**1. 目标**

模仿月球车的基本功能和设计思路，设计可完成竞赛规定动作的月球车实物模型一台，完成理论方案设计和实物模型制作，参加现场竞赛。

**2. 月球车机械设计要求**

2.1　月球车原始状态的长、宽、高均小于或等于 300mm。

2.2　月球车的驱动可采用各种形式的原动机，不允许使用人力直接驱动，若使用电动机驱动，其电源应为安全电源。

2.3　动力设备自备，现场提供 220V 交流电源。

2.4　参赛月球车前进方式不限，拾取木块的方式和每次拾取木块的数量不限。

2.5　月球车的控制可采用有线或无线遥控方式，现场竞赛开始后，参赛者不得直接接触月球车。

**3. 竞赛场地及用品规格**

3.1　本竞赛场地采用木质地板，场地尺寸：4000mm×2000mm，四周围板高 200mm。

3.2　竞赛场地如图 1 所示，图中障碍管采用市售 ⌀50、⌀90、⌀110 及 ⌀

160PVC 塑料管(竞赛办公室提供样本,竞赛时由竞赛办公室提供竞赛用塑料管)。

3.3　竞赛用的木块尺寸:$\varnothing 40 \times 40$,漆成蓝色和黄色,其中蓝色木块的另一端底面漆成红色(竞赛办公室提供样本,竞赛时由竞赛办公室提供竞赛用木块)。

3.4　竞赛用的红旗尺寸:$120 \times 200$ 直角三角形(竞赛办公室提供样本)。

3.5　竞赛用的红旗旗杆尺寸:$\varnothing 5 \times 300$(竞赛办公室提供样本)。

**4. 参赛作品提交的内容与形式**

4.1　理论方案

提交包括文字和图表等书面材料的《月球车设计理论方案书》1 式 10 份,理论方案要求采用 A4 纸打印,并装订成册。理论方案中图幅尺寸较大的图,可用坐标纸草绘,也可用 AUTOCAD、3DMax 等绘图软件绘制并打印,并附在理论方案书后面。理论方案书的目录应包括以下几部分内容:

1. 封页;

2. 设计题目与内容;

3. 机器装置的原理方案构思和拟定;

4. 原理方案的实现、传动方案的设计;

5. 关键技术的分析与实现、主要结构的设计简图;

6. 设计计算与说明、设计小结;

7. 附录:图纸。

4.2　月球车实物模型

**5. 竞赛程序和规则**

5.1　竞赛程序包括理论方案答辩和实物模型竞赛,时间各为 5 分钟和 10 分钟,分别进行。

5.2　月球车实物模型竞赛前,由裁判在指定位置,按蓝、黄间隔放置木块,月球车放在指定的位置并携带竞赛用的红旗,待裁判示意竞赛开始后进行竞赛并开始计时。

5.3　月球车竞赛包括下列动作:

动作 a. 月球车携带红旗翻越障碍,现场提供四种规格的障碍(不同直径的 PVC 塑料管),每种规格障碍的难度系数不同,各队自行选择其中一种完成动作即可;

动作 b. 月球车将红旗插在指定地点的旗桩上并站立;

动作 c. 月球车拾取蓝色木块放入指定基地区。

5.4　竞赛进行时,月球车机械如有故障可即时离场维修,维修后从起点开始恢复竞赛。

**6. 评审过程和评分标准**

6.1 竞赛成绩由理论方案和月球车实物模型竞赛的成绩之和作为竞赛的最终成绩。

6.2 理论方案的评审要素:

a) 设计方案的功能原理科学性;

b) 设计构思的创造性、新颖性;

c) 实物模型制作的工艺水平。

6.3 月球车实物模型竞赛评审评分方法:

1. 按竞赛规则,月球车实物模型竞赛以综合得分为最终得分;

2. 采用抽签决定答辩及竞赛上场的次序,参赛队准备不充分,不能按规定的次序答辩或上场,经参赛队申请,可以推迟答辩或上场次序,每次扣 10 分,此部分得分记为 A;

3. 完成动作 a,携带红旗翻越障碍基本得分为 10 分,其中 $\varnothing 50$、$\varnothing 90$、$\varnothing 110$ 及 $\varnothing 160$ 障碍的难度系数分别为 1,2,3,4,此部分得分为基本得分乘以难度系数,记为 B;

4. 完成动作 b,将红旗插在指定地点的旗桩上并站立,得 40 分,此部分得分记为 C;

5. 不同颜色的木块代表不同的分数,蓝色为正分,黄色为负分;

6. 动作 c,拾取蓝色木块放入指定地区,并使木块正立且红色底面向上,得 5 分,正立且蓝色底面向上,得 3 分,横放,得 2 分;若拾取黄色木块放入指定区域,扣 5 分,动作 c 可循环往复,计取比赛结束时所放置木块状态的累计分值,此部分得分记为 D;

7. 实现动作 a、b、c 全部动作,额外加 100 分,任何两个动作,额外加 50 分,此部分得分记为 E;

8. 竞赛进行时,月球车机械如有故障可即时离场维修,维修后从起点开始恢复竞赛,从 0 分开始重新计分;

9. 月球车实物模型竞赛综合得分为 A、B、C、D、E 所有得分之和;

10. 出现同等分数时,以耗时少、完成任务效率高者胜出,若分数及耗时均相等,酌情采用加时赛方式决定名次。

图1　月球车竞赛场地

## 附录1.2　浙江省第二届大学生机械设计大赛题目：深海探宝车

**1. 目标**

设计可完成竞赛规定动作的探宝机模型一台，做出书面机械设计方案，完成探宝机模型制作，并参加理论答辩及现场竞赛。

**2. 组队要求**

每队由2～3名本、专科学生组成，参赛学校可为参赛队聘请指导教师。

**3. 探宝机机械设计要求**

2.1　探宝机在折叠状态时，其长度小于等于300mm、宽度小于等于300mm、高度小于等于300mm。

2.2　探宝机的驱动可采用各种形式的原动机，不允许使用人力直接驱动。若使用电动机驱动，其电源应为安全电源。

2.3　动力设备自备，现场提供220V交流电源。

2.4　探宝机行进方式不限，拾取（放置）圆环的方式和每次拾取（放置）圆环的数量不限。

2.5　探宝机的控制可采用有线或无线遥控方式。

**4. 竞赛场地及用品规格**

本竞赛场地如图2所示，采用木工板制作，表面铺设喷绘广告布，竞赛场地详见附图，图中模拟海底宝藏的九个圆环（内径46，外径50，高30）由PVC材料制作（组委会提供样本，竞赛时由组委会提供竞赛用圆环）。

**5. 参赛作品提交的内容与形式**

5.1　参赛作品提交包括机械设计方案和探宝机原理样机。

5.2　机械设计方案

提交用文字和图表等书面材料组成的"探宝机机械设计方案"书11份,其中除一份方案书有封页外,其余十份方案书无须封页且不得出现参赛学校的任何信息。设计方案采用 A4 纸打印,并装订成册。

设计方案应包括以下几部分内容:

1. 封页:指导教师姓名、参赛队队员姓名、院(系)专业、联系方式(电话、EMAIL)、学校全称;

2. 设计题目与内容;

3. 机器装置的原理方案构思和拟订;

4. 原理方案的实现、传动方案的设计;

5. 关键技术的分析与实现、主要结构的设计简图;

6. 设计计算与说明、设计小结;

7. 附录:符合机械制图规范的图纸、设计装配图、零件图。

5.3　提交探宝机原理样机(样机机械部分制作除原动机、标准件及橡胶件外均须自制)。

**6. 竞赛程序和规则**

6.1　竞赛程序包括机械设计方案陈述和探宝机原理样机竞赛,时间各为5分钟和10分钟,分别进行。

6.2　探宝机原理样机竞赛前,在指定位置(三区)放置圆环(红色、黄色、蓝色)并分别套在圆桩上,探宝机放在起始位置(一区),待裁判示意竞赛开始后进行竞赛并开始计时。

6.3　探宝机竞赛包括下列动作:

动作1:成功从"一区"到达"二区"。

动作2:探宝机行走部分在"二区"范围内通过机械臂抓取"三区"内的圆环放到"二区"。

动作3:成功从"二区"到达"四区"。

动作4:将圆环套置到"五区"的圆柱上。

6.4　竞赛进行时,探宝机如有故障可即时离场维修,维修后从起点开始恢复竞赛。

**7. 评审过程和评分标准**

7.1　竞赛成绩由"设计方案及答辩"和"探宝机原理样机竞赛"的成绩之

和作为竞赛的最终成绩,其中"设计方案及答辩"占 30%,"探宝机原理样机竞赛"占 70%。

7.2 "设计方案及答辩"的评审要素:

1. 设计方案的功能原理科学性;

2. 设计构思的创造性、新颖性;

3. 原理样机制作的工艺水平;

4. 书面材料的正确性和完整性。

7.3 "探宝机原理样机竞赛"评审评分方法:

1. 按竞赛规则,探宝机原理样机竞赛以综合得分为最终得分;

2. 采用抽签决定竞赛上场的次序,参赛队准备不充分,不能按规定的次序上场,经参赛队申请,可以推迟上场次序,每次扣 10 分,此部分得分记为 A;

3. 完成动作 1,得分 10 分,此部分计分为 B;

4. 完成动作 2,按成功抓取圆环放到"二区"的个数计分,蓝色圆环 5 分/个,黄色圆环 10 分/个,红色圆环 20 分/个。此部分计分为 C;

5. 完成动作 3,得分 30 分,此部分计分为 D;

6. 完成动作 4,根据放置圆环的位置计分,放置在近距离的三个圆柱上,每放置一个圆环根据圆柱粗细分别为 15 分/个、10 分/个,5 分/个;放置在远距离的三个圆柱根据圆柱粗细分别为 30 分/个、25 分/个、20 分/个,此部分计分为 E;

7. 竞赛进行时,探宝机机械如有故障可即时离场维修,维修后从起点开始恢复竞赛,从 0 分开始重新计分,维修期间计时不停;

8. 探宝机原理样机竞赛综合得分为 A、B、C、D、E 所有得分之和。

图 2　深海探宝车竞赛场地

## 附录 1.3　　浙江省第三届大学生机械设计大赛题目

竞赛项目:解救人质

### 1. 竞赛内容

设计并制作一台简易机器人(以下简称机器人),提交机械设计资料,参加理论设计答辩,参加实物竞赛,能够完成一组竞赛规定的解救人质动作。

### 2. 参赛作品的总体要求

2.1　机器人在收缩状态时,其长宽高均应≤300mm;展开状态时尺寸不限。

2.2　机器人重量不限,但应尽可能轻。

2.3　机器人造价不限,但应尽可能低。

2.4　机器人操控可采用线控或遥控方式;不建议机器人采用自动控制或智能控制。

2.5　机器人行进方式不限。

2.6　机器人驱动可采用各种形式的原动机,但不允许使用人力直接驱动;若使用电动机驱动,其电源应为安全电源。(注:动力设备自备,比赛现场仅提供 220V 交流电源)。

### 3. 参赛作品的内容、形式及其提交方式

3.1　参赛作品内容包括两部分:机械设计方案书 1 套和机器人实物模型 1 件。

3.2　机械设计方案书应包括以下 7 个部分内容:

1)封面;

2)本作品的创新与特色简介;

3)设计方案拟定;

4)动力与传动方案的设计、计算与分析;

5)动作执行机构的设计、计算与分析;

6)其它设计计算与说明,设计总结;

7)附录:装配图、零件图和实物模型照片若干张。

3.3　机械设计方案书 1 套共 15 份,采用 A4 纸打印并装订成册。要求 1 份方案书有封页,其余 14 份方案书不得有封面,并且其中不得出现与参赛学校有关的任何信息(违反此规定的将被取消理论设计答辩资格)。提交时应密封在文件袋中。

3.4　机器人实物模型的制作规定:

1）实物模型应与设计方案一致；

2）实物模型的机械零件制作除原动机、标准件及橡胶件外均应自制。

**4. 竞赛场地及用品规格**

4.1　竞赛场地如图 3 所示，采用木质地板，表面铺设喷绘广告布，场地尺寸为 4000mm × 2000mm，出发区尺寸为 300mm × 300mm，围板高度为 100mm。

4.2　竞赛场地分为五个区域：

一区为隧道区：隧道采用透明有机玻璃板制作，其内部空间尺寸为长 600mm、宽 300mm、高 300mm，顶部设有 20mm 宽的纵向贯通缝隙。

二区为壕沟区：壕沟宽 300mm，深 200mm，长度 1000mm。

三区为机器人作业区：三区与五区之间设有高 150mm、宽 10mm 的隔离墙。

四区为人质囚禁区：人质囚禁区由 5 个无顶房间组成，每个房间囚禁 1 个人质，每个房间的内部空间尺寸为 100mm×100mm，房间墙高 50mm，墙厚 10mm。

五区为人质解救通道区：设有 15 个安全通道，采用内径为 60mm、壁厚为 5mm 的硬质透明管材制作，通道口高度均为 400mm，排列在距离（平面投影距离）隔离墙分别为 400mm、500mm 和 600mm 的三条直线上（为便于竞赛时计分，分别称为 A 排、B 排和 C 排），每一排 5 个通道，通道口间距为 100mm。

4.3　人质模型：设五个规格，如图 4 所示，模型材料采用常用尼龙棒（尼龙 66）；五个规格的模型重量分别约为 150 克、120 克、90 克、60 克和 30 克。

**5. 竞赛方案及其评分办法**

5.1　竞赛由理论设计竞赛和实物模型竞赛两部分组成，其中理论设计竞赛成绩满分为 30 分，实物模型竞赛成绩满分为 70 分，竞赛总成绩满分为 100 分。

5.2　理论设计竞赛方案

1）参赛队员自述 3 分钟；

2）专家提问 3 分钟；

3）专家打分 2 分钟。

5.3　理论设计竞赛评分标准

1）总体方案的综合评价：满分为 10 分；

2）总体方案及其机构的创造性：满分为 10 分；

3）书面材料的正确性和充分性：满分为 10 分。

5.4　实物模型竞赛方案及其评分标准

1) 实物模型竞赛时间限 8 分钟。不足 8 分钟完成竞赛操作(包括要求结束竞赛操作)时,参赛队员需举手宣布操作结束,现场工作人员应立即停止计时;竞赛操作到达 8 分钟时,现场工作人员应立即宣布比赛结束,参赛队员应立即停止竞赛操作。

2) 采用抽签决定竞赛上场的次序。参赛队应在接到进入场地指令 2 分钟内将模型放入竞赛场地出发区待命;不能按时放入者,则调整到最后上场,并扣 5 分。

3) 出发前,实物模型的重量将被记录并计分,满分为 5 分。计分办法:根据所有参赛模型的实际重量,按从低到高的次序排列,前 1/5 的计 5 分,前 2/5(不含前 1/5)的计 4 分,前 3/5(不含前 2/5)的计 3 分,前 4/5(不含前 3/5)的计 2 分,最后 1/5 的计 1 分。

4) 完成动作 1,满分为 10 分。机器人穿过"隧道",得 10 分;绕过"隧道",得 0 分。

5) 完成动作 2,满分为 10 分。机器人越过"壕沟",得 10 分;绕过"壕沟",得 0 分。

6) 完成动作 3,满分为 20 分。机器人进入作业区解救囚禁区内的人质,每取出 1 个人质,得 4 分。机器人在解救人质作业时,不得采用粘的方法,但允许翻越隔离墙。

7) 完成动作 4,满分 25 分。机器人将人质送入五区内的安全通道,每将 1 个人质模型送入 A、B 或 C 排的某一通道内,对应得 3 分、4 分或 5 分。

8) 在进行动作 3 和 4 的过程中,机器人若把人质模型掉落或放在地面上,允许其拾起后继续作业,但每次扣 1 分,最高扣分为该项动作 4 的得分;若机器人放弃将该人质模型送入安全通道,则该项动作 4 不得分,也不扣分。

9) 竞赛进行中,机器人若发生故障,允许即时进行维修,但维修期间计时不停,并每次扣 2 分。

10) 在实物模型竞赛得分相等的情况下,其排名以时间短者为先。

5.5　实物模型竞赛的其它规定

1) 竞赛过程中,参赛队员只允许在队员操作区操作。

2) 竞赛过程中,机器人的所有动作均不得损坏竞赛场地及其设施。

3) 当机器人发生故障需要修理时,参赛队员不得进入竞赛场地(以免损坏场地),而应请求现场工作人员将机器人取出竞赛场地实施维修,修理完毕后再请求现场工作人员将机器人放入竞赛场地的原位置。

**6. 其它**

6.1　人质模型样本由承办单位提供；

6.2　上述内容的解释权归专家委员会；

6.3　未尽事宜由专家委员会另行决定。

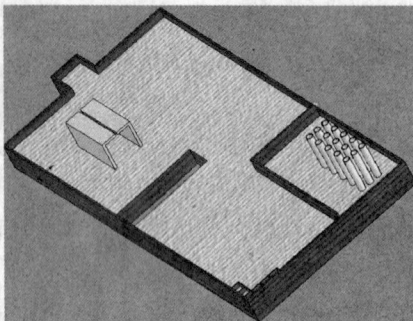

图 3　解救人质机器人竞赛场地

图 4　人质模型

# 附录 1.4　浙江省第四届大学生机械设计大赛题目

　　浙江省第四届大学生机械设计竞赛暨第三届全国大学生机械创新设计竞赛选拔赛的主题为"绿色与环境"，内容为"厨卫机械、环保机械、生活清洁机械"等与主题相关的机械产品的创新设计与制作，创新点应主要体现在机械设计。竞赛方式为自选题方式，所有参赛作品必须与本次竞赛的主题和内容相符，与主题和内容不符的作品不予受理。

**设计任务**

　　浙江省第四届大学生机械设计竞赛暨第三届全国大学生机械创新设计竞赛选拔赛方式采用"自选题"形式。

自选题形式为学生自竞赛通知开始后，由参赛学生在教师的指导下，按自选题的要求开始进行。自选题要完成的设计任务：

1）完整的设计说明书（包括纸质和电子文档）；

2）用 CAD 软件绘制的零件图和装配图；

3）制作三维视频模拟文件，模拟机械的运动过程；

4）按命题要求对机械进行运动分析或力分析（包括对简单构件有限元分析）；

5）制作实际机械或模型；

6）参加竞赛的学生要作好评审答辩的准备，评审专家将根据竞赛的题目和内容对学生进行提问。答辩采用 PPT，时间不超过 3 分钟。

## 附录 1.5　第二届全国大学生机械创新设计大赛题目

第二届全国大学生机械创新设计大赛的主题为"健康与爱心"，内容为"健身机械、康复机械、助残机械、运动训练机械等机械产品的创新设计与制作"，方式为自选题方式。所有参赛作品必须与本次大赛的主题和内容相符。

## 附录 1.6　第三届全国大学生机械创新设计大赛题目

### 一、大赛的目的

全国大学生机械创新设计大赛的目的在于引导高等学校在教学中注重培养大学生的创新设计能力、综合设计能力与团队协作精神；加强学生动手能力的培养和工程实践的训练，提高学生针对实际需求进行创新思维、机械设计和工艺制作等实际工作能力；吸引、鼓励广大学生踊跃参加课外科技活动，为优秀人才脱颖而出创造条件。

### 二、大赛的主题与内容

第三届全国大学生机械创新设计大赛（2008 年）的主题为"绿色与环境"。内容为"环保机械、环卫机械、厨卫机械三类机械产品的创新设计与制作"。所有参加决赛的作品必须与本届大赛的主题和内容相符，与主题和内容不符的作品不能参赛。

### 三、参赛条件与方式

1. 参赛条件：

全国在校本、专科大学生（2008 年暑期毕业的学生可参赛）均可以个人或小组的方式,通过学校推荐报名参加,每个参赛队学生人数不得多于 5 人,指导教师不多于 2 人。参赛队由所在学校统一向本赛区组委会报名。

2. 参赛方式:

参赛队学生自接到大赛通知后,即可按大赛主题和内容的要求进行准备,最终完成作品的设计与工艺制作,并向各赛区组委会提交:

(1)作品报名表;

(2)完整的设计说明书(包括纸质和电子文档);

(3)作品的实物样机或实物模型;

(4)介绍作品功能的视频录像(3 分钟之内)。

## 附录 1.7　浙江大学历届机械设计大赛题目

浙江大学机械设计竞赛是一项传统的学科性竞赛,深受广大同学的欢迎,同时也取得了巨大的成绩。

作为创新设计教育的一个重要环节,浙江大学自 1995 年以来,在全国率先举办大学生机械设计竞赛,至今已连续举办了 13 届。竞赛由浙江大学教务部主办,机械与能源工程学院、浙江大学机械设计研究所组织承办,在全国产生了巨大的影响,得到了兄弟院校的大力支持和积极参与。

竞赛由学生自由组队,并聘请专门的指导教师进行指导。竞赛命题由学校聘请专家专门设计,命题新颖,评审公平、公正,具有权威性。参赛学生先提出理论设计方案,经评审后在完成模型加工制作,以实物模型为基础演示、答辩,评选出获奖作品。作为创新教学系列中的一个实践教学环节,竞赛通过学生自由组队,广泛调研,自己确定设计目标和内容,拟定设计方案,完成设计图纸,自行联系零件加工,采购零配件,完成模型的制作与装配,对学生创新能力和工程实践能力的培养产生良好效果,是一项精彩绝伦,别开生面的竞赛。

1. 浙江大学第一届机械设计竞赛(1995 年)

参赛者在以下三个给定的"客观要求与使用环境"实例中,任选一例作为参赛题目。

① 新型擦除黑板上粉笔字迹机具;

② 能同时擦洗玻璃双面机具;

③ 爬梯省力搬动机具。

2. 浙江大学第二届机械设计竞赛(1996 年)

参赛者在以下给定的"客观要求与使用环境"二例中,任选一例作为参赛题目。

① 邮戳机;

② 立面自行车存放库。

3. 浙江大学第三届机械设计竞赛(1997 年)　CPM 微型手指康复器

4. 浙江大学第四届机械设计竞赛(1998 年)　多功能护理病床

5. 浙江大学第五届机械设计竞赛(1999 年)　多功能病人运送车

6. 浙江大学第六届机械设计竞赛(2000 年)　水上自行车、十字钥匙配置器

7. 浙江大学第七届"海特杯"机械设计竞赛(2001 年)　爬楼梯车

8. 浙江大学第八届"海特杯"机械设计竞赛(2002 年)　攀爬机械装置

9. 浙江大学第九届"海特杯"机械设计竞赛(2003 年)

① 仿生机械创新设计;② 仿生宠物设计;③ 仿生行走机构设计;④ 拟人机构设计;⑤ 仿生结构设计。

10. 浙江大学第十届"海特杯"机械设计竞赛(2004 年)

① 特种机器人设计;② 爬壁机器人设计;③ 微细管道机器人设计;④ 足式行走机器人设计;⑤ 爬管机器人设计。

11. 浙江大学第十一届机械设计竞赛(2005 年)

"人类健康与机械":健身机械、康复机械、助残机械、运动训练机械、医用机械。

12. 浙江大学第十二届机械设计竞赛(2006 年)　清洁卫生机械

## 附录 2:机械竞赛相关的英文专业词汇

为使同学们了解国外机械设计最新发展及国外高校大学生机械竞赛的开展情况,增强学生阅读外文文献能力,本书给出了部分与机械设计竞赛相关的英文词汇。

| | |
|---|---|
| abrasion | 磨损 |
| actuator | 传动器 |
| addendum circle | 齿顶圆 |
| allowable stress | 许用应力 |
| angular velocity | 角速度 |
| ball bearings | 滚珠轴承 |

| | |
|---|---|
| ball screw | 滚珠丝杆 |
| band pulley | 带轮 |
| barrier strips | 接线端子 |
| batteries | 电池 |
| battery | backs 电池组 |
| bearing cup | 轴承盖 |
| bending moment | 弯矩 |
| beading stress | 弯曲应力 |
| bearing | 轴承 |
| bearing block | 轴承座 |
| beeper application | 蜂鸣器 |
| belt | 传送带 |
| belt drive | 带传动 |
| bolts | 螺栓 |
| brake | 制动器 |
| braking | 制动 |
| brush | 电刷 |
| buttress thread form | 锯齿形螺纹 |
| calculation moment | 计算力矩 |
| cam | 凸轮 |
| castor | 脚轮 |
| center of mass | 质心 |
| chain | 链条 |
| change gear | 变速齿轮 |
| chain gearing | 链传动装置 |
| change wear | 变速齿轮 |
| chain wheel | 链轮 |
| clamp | 夹持器 |
| closed-loop control | 闭环控制 |
| closed loop motor controls | 电机闭环控制 |
| clutches | 离合器 |
| coarse threads | 粗牙螺纹 |
| coefficient of friction | 摩擦系数 |

| combined efficiency | 总效率 |
| --- | --- |
| concurred design | CD 并行设计 |
| connecting rod | 连杆 |
| contact switch circuits | 接触开关电路 |
| controller | 控制器 |
| coupling | 联轴器 |
| crank | 曲柄 |
| crank shaper mechanism | 曲柄导杆机构 |
| crank－rocker mechanism | 曲柄摇杆机构 |
| crank shaft | 曲轴 |
| DC motors | 直流电机 |
| dead point | 死点 |
| dedendum circle | 齿根圆 |
| deformation | 变形 |
| degree of freedom | 自由度 |
| detent | 棘爪 |
| dies | 板牙 |
| DMM | 数字万用表 |
| double－crank mechanism | 双曲柄机构 |
| double helical gear | 人字齿轮 |
| double－rocker mechanism | 双摇杆机构 |
| double－slider mechanism | 双滑块机构 |
| driver | 驱动器 |
| driven gear | 从动轮 |
| driven link | 从动件 |
| drive shafts | 传动轴 |
| electrolytic capacitors | 电解电容 |
| encoder | 编码器 |
| EMI | 电磁干扰 |
| equivalent load | 当量载荷 |
| face width | 齿宽 |
| factor of safety | 安全系数 |
| fatigue limit | 疲劳极限 |

| | |
|---|---|
| fatigue strength | 疲劳强度 |
| feather key | 滑键、导键 |
| fine threads | 细牙螺纹 |
| flat belt | 平带 |
| follower | 从动轮，从动件 |
| four—bar linkage | 四杆机构 |
| friction | 摩擦 |
| gasket | 垫圈 |
| gear | 齿轮 |
| gearboxes | 减速器 |
| gear—down assemblies | 减速装置 |
| gearing; transmission gear | 传动装置 |
| gear ratio | 传动比 |
| geneva | 槽轮 |
| geneva mechanism | 槽轮机构 |
| helical gear | 斜齿（圆柱）齿轮 |
| high—current DC motor drivers | 大电流直流电机驱动器 |
| high gear reduction | 大减速比 |
| idlers | 惰轮 |
| imperfect gear | 不完全齿轮机构 |
| involute spline | 渐开线花键 |
| I/O pins | I/O 引脚 |
| joint | 关节 |
| key | 键 |
| keyway | 键槽 |
| kinetic pair | 运动副 |
| latch | 制动销 |
| LDO regulators | 低压电压转换器件 |
| LDR(Light—Dependent Resistors) | 光敏电阻 |
| linkages | 传动机构 |
| link | 构件 |
| linkage | 连杆 |
| lubrication | 润滑 |

| | |
|---|---|
| lubrication device | 润滑装置 |
| machine | 机械 |
| machine design | 机械设计 |
| machinery | 机械 |
| magnet | 磁铁 |
| mass | 质量 |
| mechanical brake | 机械制动 |
| mechanical creation design | MCD 机械创新设计 |
| mechanical design | 机械设计 |
| mechanism | 机构 |
| milliamp/hours | 毫安时 |
| module | 模数 |
| moment of torque | 扭矩 |
| motor shafts | 电机轴 |
| motor | 电动机 |
| multipod locomotion | 多足步行 |
| number of threads of worm | 蜗杆头数 |
| nuts | 螺母 |
| offset distance | 偏心距 |
| optimization design | 优化设计 |
| output link | 输出构件 |
| output shaft | 输出轴 |
| overall efficiency | 总效率 |
| pallet | 棘爪 |
| parallel key | 普通平键 |
| pawl | 棘爪 |
| photovoltaic cells | 太阳能电池 |
| piezo electric buzzers/speakers | 压电蜂鸣器/扬声器 |
| pillow blocks | 轴承座 |
| pin | 销 |
| pinion unit | 齿轮传动系 |
| power | 功率 |
| power screw | 螺旋传动 |

| | |
|---|---|
| pressure | 压力 |
| pressure angle | 压力角 |
| primer mover | 原动机 |
| prismatic pair | 移动副 |
| profile shifted gear | 变位齿轮 |
| pump | 泵 |
| rack gear | 齿条传动 |
| radical loading | 径向载荷 |
| ratchet and pawl | 棘轮机构 |
| rechargeable batteries | 充电电池 |
| reduction ratio | 减速比 |
| reliability design | 可靠性设计 |
| revolute pair | 转动副 |
| roller chain | 滚子链 |
| rolling bearing | 滚动轴承 |
| rotating speed | 转速 |
| round belt | 圆带 |
| safe load | 安全载荷 |
| safety factor | 安全系数 |
| scratching | 磨损 |
| screw | 螺钉 |
| self—locking | 自锁 |
| sensor | 传感器 |
| servo controllers | 舵机控制器 |
| servos | 舵机 |
| shaft | 轴 |
| shaft coupling | 联轴器 |
| shock mounts | 减震 |
| silent chain | 齿形链　无声链 |
| single—chip stepper motor drivers | 单片机步进电机驱动器 |
| single—chip drives | 单片机驱动机 |
| simulators | 仿真器 |
| slider | 滑块 |

| | |
|---|---|
| slider—crank mechanism | 曲柄滑块机构 |
| sliding pair | 移动副 |
| solenoid | 电磁铁 |
| solid lubricant | 固体润滑剂 |
| sound sensors | 声音传感器 |
| spindle | 心轴 |
| spline | 花键 |
| sprocket | 链轮 |
| sprocket gear | 链轮 |
| sprocket—wheel | 链轮 |
| square threaded form | 矩形螺纹 |
| standard gear | 标准齿轮 |
| standalone | 单独的减速器 |
| static balancing | 静平衡 |
| stator | 定子 |
| straight shaft | 直轴 |
| strength of hobby servos | 舵机强度 |
| step patterns | 步进方式 |
| stepper motors | 步进电机 |
| switches | 开关 |
| swiveling speed | 转速 |
| synchronous belt | 同步带 |
| tachometer | 测速发电机 |
| tactile feedback | 触觉传感器 |
| tapping | 攻丝 |
| terminal blocks | 接线端子 |
| transmission | 传动装置 |
| transmission shaft | 传动轴 |
| transmission ratio | 传动比 |
| treads | 履带 |
| turning pair | 转动副 |
| V belt | V带 |
| vibration damping | 减震 |

| voltage | 电压 |
| --- | --- |
| wear | 磨损 |
| wheels | 车轮 |
| width of gear | 齿厚 |
| woodruff key | 半圆键 |
| working stress | 工作应力 |
| worm | 蜗杆 |
| worm gears | 蜗轮 |
| worm wear | 蜗轮 |
| wrench | 扳手 |
| wrie nuts | 接线螺母 |

# 参考文献

杨叔子等.机械创新设计大赛很重要 [J].高等工程教育研究,2007,(2).

陈秀宁.机械设计基础 [M].杭州:浙江大学出版社,2006.

陈秀宁.机械设计课程设计 [M].杭州:浙江大学出版社,2006.

郑文纬等.机械原理 [M].北京:高等教育出版社,1997.

濮良贵,纪名刚.机械设计 [M].北京:高等教育出版社,2006.

杨可桢等.机械设计基础 [M].北京:高等教育出版社,2006.

张福学.机器人技术及其应用 [M].北京:电子工业出版社,2000.

张铁 谢存禧.机器人学 [M].广州:华南理工大学出版社,2002.

龚振邦等.机器人机械设计 [M].北京:电子工业出版社,1995.

谢里阳.现代机械设计方法 [M].北京:机械工业出版社,2005.

张铁,李琳,李杞仪.创新思维与设计 [M].北京:国防工业出版社,2005.

黄纯颖等.机械创新设计 [M].北京:高等教育出版社,2000.

罗绍新.机械创新设计 [M].北京:机械工业出版社,2003.

吴寅华.普通高等学校本科毕业设计(论文)指导 [M].杭州:浙江摄影出版社,2006.

孙洁.毕业论文写作与规范 [M].北京:高等教育出版社,2007.

王立权等.机器人创新设计与制作 [M].北京:清华大学出版社,2007.

张春林等.机械创新设计 [M].北京:机械工业出版社,2004.

姚建华,周继烈.金工实习 [M].杭州:浙江科学技术出版社,2001.

吴宗泽.机械设计禁忌 500 例 [M].北京:机械工业出版社,1997

丹尼斯·克拉克等著,宗光华等译.机器人设计与控制 [M].北京:科学出版社,2004.

戈登·麦库姆著,原魁等译.机器人本体制作指南 [M].北京:机械工业出版社,2006.

　　清弘智昭,铃木升著,刘本伟译. 机器人制作宝典［M］. 北京:科学出版社,2002.

　　铃木泰博著,杨晓辉译. 机器人竞赛指南［M］. 北京:科学出版社,2002.

　　城井田胜仁. 机器人组装大全［M］. 北京:科学出版社,2002.

# 后　记

　　参加机械设计大赛,既提高了同学们的动手能力和创新能力,同时也是对大家意志的考验。通常比赛时间有三个月以上,中间会遇到各种各样的困难,同学们不能轻言放弃。发现问题、解决问题,克服困难的过程,本身就是一种自我提高的过程。大家要团结合作,珍惜来之不易的机会。

　　参加竞赛的过程就是综合能力得到全面提高的过程。我们通过完成理论方案书,提高了撰写科研论文的水平,为课程设计、毕业设计做了好的预演;设计、加工、装配、调试过程大大提高了动手能力和创新能力;制作 PPT 演讲稿、flash 动画、三维实体模型,提高了计算机水平和制图能力;公开答辩提高了综合表达能力;进行市场调查分析、资料查询、成本预算、应用前景分析等,更是得到了全面的锻炼。

　　同学们要重视竞赛前期理论方案的设计,设计期间尽可能多地考虑实际制作阶段可能会出现的问题。要充分考虑零部件的受力分析、材料的强度、重量,各个配合件的位置关系,机构的可行性、可靠性,电子元器件的抗干扰性等等。好的理论方案以及前期充分的准备会使后续的加工、安装、调试遇到相对较少的麻烦。

　　机械竞赛给我们提供了一个非常好的平台,通过竞赛,同学们能够学到很多知识:机械设计、创新设计、三维仿真、CAD、加工工艺、电子、电路、控制、单片机、计算机等等,通过查阅外文的文献资料,还可以提高英语阅读水平。而通过比赛,还可以同其他参赛选手交流学习,从中得到提高,增长见识,开阔思路。总之,通过参加机械设计大赛,同学们会感到收获颇多,终生受益,这也是我们开展机械设计竞赛的最终目的。

　　在大学生机械竞赛方面,我们国家起步稍晚,与欧美发达国家还有一定的差距。但在教育部、国家教委和社会各界的支持、关心下,近几年来,各类大学生机械竞赛发展迅速,呈现出良好的发展趋势。相信高校的机械设计大赛会越办越好,为祖国培养出越来越多的栋梁之才。